21世纪高等院校服装专业创新型精品规划教材

丛书主编　刘瑞璞　张晓黎
丛书主审　钱晓农

服装设计实务

主　编　段　婷
副主编　邓琼华　王　燕
参　编　张　涛　丁　雯　丁　莺　冯素杰　吕世亮

北京理工大学出版社
BEIJING INSTITUTE OF TECHNOLOGY PRESS

内容提要

本教材共由六章内容组成，包括服装产业导论、服装设计概论、设计理念与设计思维、成衣设计、时装创意设计、服装流行趋势等，从介绍服装产业概况入手，简述了服装设计的基本情况，对成衣设计和时装创意设计都进行了阐述，让学生对两种不同服装设计方向有一定的了解，同时结合大量素材对最前沿的服装设计理念、设计方法及服装流行趋势进行了分析说明。书中附有大量的图片和案例，并在每章后面附有思考练习题，能引导学生进行更深入的思考。同时每小节后附有国内外服装品牌的简介，丰富了全书的内容。

本教材适合作为高等院校服装设计专业及相关专业教学用书，也可供服装从业人员阅读和参考。

图书在版编目（CIP）数据

服装设计实务／段婷主编.—北京：北京理工大学出版社，2010.2
ISBN 978-7-5640-3034-6

Ⅰ.①服… Ⅱ.①段… Ⅲ.①服装—设计—高等学校—教材
Ⅳ.①TS941.2

中国版本图书馆CIP数据核字（2010）第018923号

出版发行／北京理工大学出版社
地　　址／北京市海淀区中关村南大街5号
邮　　编／100081
发行电话／(010)68914775(办公室)　68944990(批销中心)　68911084(读者服务部)
网　　址／http：//www.bitpress.com.cn
经　　销／全国各地新华书店
印　　刷／北京奥美彩色印务有限公司
开　　本／889毫米×1194毫米　1/16
印　　张／6.5
字　　数／195千字
版　　次／2010年2月第1版　　2010年2月第1次印刷　　责任校对／陈玉梅
定　　价／39.80元　　责任印制／母长新

图书出现印装质量问题，本社负责调换

总 序 General Preface

随着我国服装产业升级和改革的不断深化，其产业模式开始由制造型向设计开发型转变，由加工型向品牌型转变。文化创新和品牌成为竞争的焦点。现代设计，以创造新的生活方式和满足人的个性需求为目的，或者说是为服务于新的生活方式需求而设计，应是工业、商业、科学和艺术高度一体化的产物。最佳设计不仅仅追求设计出美的和物化形式的东西（服装），而且能表达丰富的物质内容和精神内涵，以设计来改变和创造新的生活。中国纺织工业协会会长杜钰洲先生说："现代科学技术对当今世界衣着文化影响的总趋势，如果概括为一个词，就是'求新'。人们要求衣着产业突破一系列传统观念的束缚，开拓新视角，追求新境界，创造新风格，提供新感受"。显然，增强时代的创造力已成为新形势下人才培养的首要目标，快速变化发展的国际国内服装行业对服装专业教育提出了更新、更高的要求。

近年来，全国各服装院校积极探索本专业的教育教学改革，产生了许多新思路、新观念、新理论和新方法，切实提高了专业教学的针对性、先进性、科学性和前瞻性，提高了人才培养的实效性；在探索新形势下服装人才培养模式和教学研究方面进行了很多有益的尝试，取得了一批突破性成果。

本套教材是在国内现有教材的基础上，顺应"当今世界衣着文化影响的总趋势"，依照教育部有关应用型专业的办学要求编写的。本套教材有以下几个方面的特点：

1.本套教材的编写由近百所高等院校服装专业的专家学者和教学一线骨干教师共同完成，汇集了这些院校的教学改革和研究成果；并由一批中国服装界专家及著名设计师作为顾问，对教材体系结构进行了整体把握和构建，以其可靠的理论质量和丰富的实践经验为教材的专业性和创新性提供保障和支持。

2.本套教材以激发学生的创新意识和观念为出发点，以培养技能型和实用型服装人才为基本目标，在此基础上注重学生创新思维和市场意识的培养。教材的编写力求理论体系科学简明，内容精练，重点突出，理论和实践有机结合，力求反映服装行业发展的新动向，体现新材料、新工艺、新技术在服装行业中的应用。

3.本套教材突出了以增强学生职业能力为中心的教材建设与课程改革的需求。强调了基于工作过程的动手能力培养模式，提升以行为为导向的教学理念，体现了"知识、技能、素质"三位一体的人才教育质量观。

4.在体例上，每章都附有思考题和形式多样的训练作业，力图以工作任务及项目教学为突破口，实现实践技能与理论知识的整合，旨在提高学生的综合素质和职业能力，增强教材的可读性和自主性，培养学生的自学能力。

5.为适应现代服装产业的发展需求，拓宽了服装专业教材范畴，新增了经济学、市场学方面的教材，这也是国内服装专业课程开发和研究的新成果。

本套教材有利于服装专业教师创造性地组织教学，"让创造性的教学带动创造性的学习，培养创造型人才"。本套教材适合高等院校服装设计、服装工程及服装设计与表演等专业使用，又可作为高职高专院校相关专业教材，还可作为服装类职业培训教材以及服装专业从业人员和爱好者的自学参考书。热忱欢迎服装专业师生和服装行业人士选用。同时也真诚希望广大读者对本套教材的不当之处提出宝贵意见。

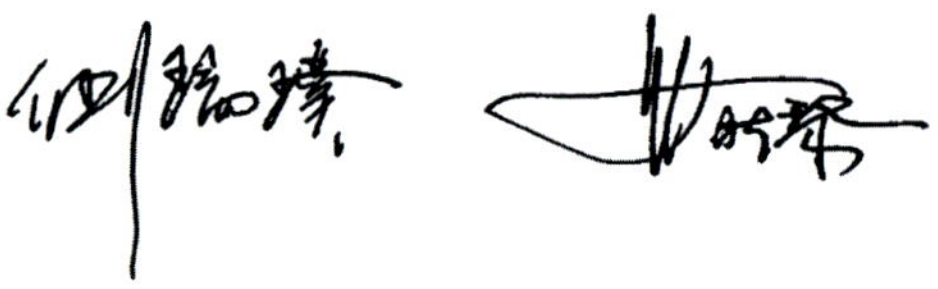

前 言 Preface

服装设计是一门既具有综合性、边缘性、交叉性，又具有时代性、文化性和时尚性的学科。不但强调艺术性，而且强调实用性和商业性。服装设计不是纯理论研究，不是单纯的艺术创造，而是想象力、实用性、市场化的综合。在性质上服装设计接近于艺术创作，它要求设计师既要有天马行空的想象力，又要有实实在在的实践能力，比如，对市场的把握，对面料、材料和制作手段的掌握等。可见服装设计既不能过分强调纯艺术又不能过分强调纯经验和手工技艺，它应该是两者的结合。同理，没有想象力的教育培养的是工匠，没有动手能力的教育培养的是纸上谈兵的书生，工匠不能成为艺术家，书生也不能成为商海中的强人。服装设计艺术教育也要既重理论又重实践。

我国目前的服装设计教育大部分还是重表现，学生设计的作品艺术性重于现实性，服装设计教育在一定程度上脱离了市场的需求。近些年来，随着市场经济的发展，我国正在由"中国制造"走向"中国创造"，企业对服装设计人才的需求量在不断增加，因而要培养学生的创造力、竞争力，并使之与社会需求相适应。

本教材立足于服装设计基础知识，根据行业发展和服装设计教育改革的需要，从服装产业导论入手，讲述了服装产业的概况和服装设计的基本知识；又以成衣设计、时装创意设计和服装流行趋势等方面的内容为重点，讲述了如何围绕服装市场进行服装的设计，以提高学生对服装设计的认识。

在现在的高等教育中，培养学生的实践能力是教学的重要内容。因此，本教材除了介绍服装设计方面的专业理论知识外，还突出强调了服装专业的实践性，并重点通过案例教学的启发和引导，强调了服装设计的创新性、市场性和时代性。我们希望通过本教材的引导，使学生尽快完成从理论到实践、从专业到产业的转变过程。为此，我们在各章节里穿插介绍了国内外服装市场的有关知识及国内外服装品牌的知识，并附有很多精彩的图例。

本教材的一大特点是将成衣设计、时装创意设计及参赛服装设计同时编写在一起，让学生能对这几种不同类型的服装设计进行对比，更深入地了解市场型服装的设计要点。

我们在本教材的编写过程中得到了浙江纺织服装职业技术学院陈培青老师、安徽工程科技学院袁惠芬老师、河北科技大学侯东昱老师的大力支持，在此对他们表示衷心的感谢。另外，还要特别感谢北京理工大学出版社以及所有为本书出版提供支持和帮助的朋友们。

由于时间仓促，本教材难免会存在一些偏颇和欠缺之处，恳请广大师生批评指正。

编 者

目 录 Contents

第1章 服装产业导论/7
第一节 服装产业概述/7
第二节 世界五大时装之都概况/9
第三节 服装设计师应具备的知识素养/15

第2章 服装设计概论/18
第一节 服装设计的含义/18
第二节 服装的分类及其特点/20

第3章 设计理念与设计思维/29
第一节 设计理念/29
第二节 设计思维/34

第4章 成衣设计/39
第一节 成衣设计的元素及分级/39
第二节 成衣产品的风格/43
第三节 成衣设计的内容与流程/53
第四节 成衣产品的开发/55

第5章 时装创意设计/64
第一节 时装创意设计的含义与特点/64
第二节 时装作品的创意来源和思维方式/66
第三节 时装创意设计的构思过程和构思方法/71
第四节 各类服装设计大赛的分析及作品赏析/77

第6章 服装流行趋势/87
第一节 服装流行的含义/87
第二节 服装流行的规律/90
第三节 流行信息的收集与预测/92
第四节 流行趋势提案的制作及运用/96

参考文献/104

第 1 章 服装产业导论

【知识目标】了解国内外服装产业概况。

【能力目标】掌握国内外服装产业的动态。

中国服装产业只有在充分了解国际服装产业的发展历史和演变的基础之上，才能确定自身今后的发展方向。对于学习服装设计的人来说，了解服装产业的发展和动态是非常重要的，这是进行实践的第一步。

第一节 服装产业概述

一 国外服装产业概述

16世纪，西方一些贵族妇女不再亲自缝制服装，而是开始请专业的人员缝制。这些贵族妇女雇请的服装缝制人员按照报纸或杂志上的宣传图片缝制新款服装，由此诞生了最初的服装加工业。随着服装加工业的大众化，服装的加工生产开始分流：一是为少数上层和社会名流缝制的时装，也就是后来的高级时装，它是由设计师沃斯在19世纪中叶开创的，主要是以上流社会贵妇人为特定顾客的高级女装业(图1–1)；二是以普通大众为主的服装加工业，也就是后来的成衣业。由于时代的变革，高级时装已经不适应社会的发展。因为高级时装的前期投入一般都很高，但是高级时装顾客较少，销售量不足，也就难以平衡整个产业的平均投入。高级时装业的不景气，导致许多高级时装店为生存纷纷开辟高级成衣店(图1–2、图1–3)。

20世纪中后期，伊夫·圣·洛朗、皮尔·卡丹、卡尔·拉格菲尔德等许多著名的高级成衣品牌专卖店纷纷成立，逐渐使高级成衣业占据服装业的主导地位，它在很多方面延续了高级女装的传统，但又实现了工业化批量生产，降低了门槛，使很多有才华的设计师能够加入其中。高级成衣虽然实现了批量生产，但是其高档的面料和复杂的工艺决定了它的成本依然居高不下，它的高价依然让很多人无法接受。在这种形势下，成本低廉、工序更简单的成衣业便得以快速发展。由于简化了制造工艺、采用了廉价的面料，这些服装使得普通大众也有能力购买。成衣业出现较早的品牌有盖普（GAP）、爱斯普瑞特（ESPRIT）、李维斯（LEVI΄S）以及ZARA、MONGO等品牌。

图1-1 1902年前后沃斯服装店的作品

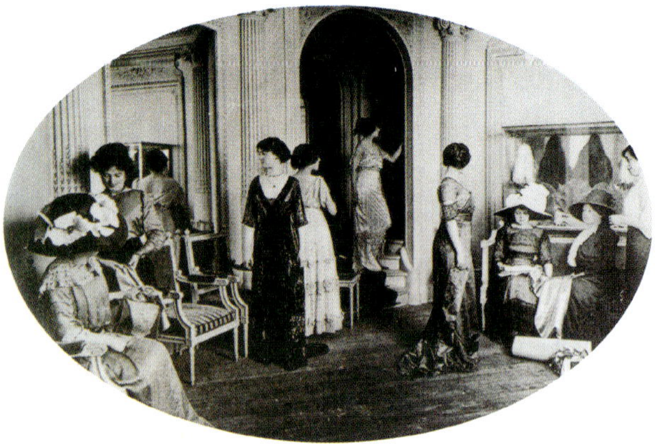

图1-2 1910年前后老铺德塞店内的景象

图1-3 香奈儿工作室

二 国内服装产业概述

新中国成立以前，服装产业在我国还没有真正形成。当时人们穿的服装主要是自己缝制或在服装店定制，虽然有些服装店的规模也比较大，但不是流水作业，还是以一对一的形式进行，效率很低。新中国成立以后，我国的服装产业开始发展，出现了一批小型服装加工厂，并初步形成了我国的服装产业（图1-4、图1-5）。

从20世纪70年代末到现在，经过30多年的发展，我国服装业已经成为国民经济中重要的支柱产业，中国也已成为世界服装生产大国和消费大国。服装业作为我国重要的国民生产产业，已经以“中国制造”进入了国际市场，现在正在从“中国制造”向“中国创造”转变（图1-6、图1-7）。但我国的服装产业整体上发展得很不平衡。已经走在前面的沿海开放城市，长期借助外贸出口和对外加工业务，拥有先进的技术水平和加工设备，并作为国内与国外的交流窗口，能及时了解国际服装流行趋势，掌握国际服装市场的最新变化动态，具有较强的产品创新能力，在经历了原始积累的阶段后，进入了初期的品牌创立阶段，所生产的产品占据了全国80%以上的市场份额。而中西部地区的服装产业则相对落后。

目前，我国服装企业的品牌意识在不断加强，但我国缺乏真正意义上的国际服装品牌，主要还是通过低成本优势与国际品牌进行竞争。要真正实现从“中国制造”向“中国创造”的转变，创意和创新是其中不可或缺的条件。创意能让服装业推陈出新，加大自主创新的力度，能最终提高产品的质量和附加值，使中国服装行业真正走上世界的舞台。

图1-4 新中国成立前的服装加工厂

图1-5 现代服装加工厂

图1-6 现代服装生产线

图1-7 现代服装吊挂生产线

世界级工厂的文化

从5S起步

"5S"的含义

"5S管理"的思路非常简单、朴素，它针对企业中每位员工的日常行为提出要求，倡导从小事做起，力求使每位员工都养成事事"讲究"的习惯，从而达到提高整体工作质量的目的。

"5S"的含义分别为：

整理（Seiri）：区分必需品和非必需品，现场不能放置任何非必需品。

整顿（Seiton）：将必需品放于任何人都能取到的位置，使寻找时间为零。

清扫（Seiso）：使工作现场干净清洁，将设备保养得干净完好。

清洁（Setketsu）：将整理、整顿、清扫进行到底，并且标准化、制度化。

素养（Shitsuke）：养成良好的习惯，即养成具有高效率和安全意识的习惯。

第二节 世界五大时装之都概况

目前，巴黎、米兰、伦敦、纽约、东京五个城市被公认为是最著名的世界时装中心，这五个城市的服装发展历史也是国际著名服装品牌的发展历史。五大时尚之都是文化艺术中心，也都是所在国的文化中心和中心城市，最能代表该国本土的文化水平和文化倾向，其悠久的历史文化为时装设计营造了浓厚的文化艺术氛围。五大世界时装中心的形成得益于其各自独特的地理位置，使它们具有博大的胸怀，融合了世界各国、各民族、各种文化的艺术所长，创造了经久不衰的时装服饰。也正是因为这些，世界优秀设计师聚集在此，而这些设计师又用他们丰富的创造力和想象力引领了世界时尚的潮流趋势。

一 巴黎——全球时尚发源地，世界高级女装中心

巴黎是法国和欧洲的最大城市，也是世界著名的旅游胜地。巴黎时装在世界的领导地位，得益于时装在法国人心目中崇高的艺术形象。巴黎拥有法国最大的文化、科学、教育中心，城内有许多博物馆、图书馆、音乐厅、剧院及电影院，有看不完的艺术宝藏。巴黎的建筑艺术也是举世闻名，如藏有众多名贵艺术品的卢浮宫、建在塞纳河心小岛的巴黎圣母院、具有200多年历史的爱丽舍宫和凡尔赛宫、作为巴黎市标志的艾菲尔铁塔和凯旋门等；而陈列在品牌服装店里的各式时装，更是让人没有一分钟的寂寞。在这样的创作环境中，巴黎的时装设计师的想象力、创造力得到了充分的发挥，他们在自己的设计作品中融入了音乐、舞蹈、雕塑和建筑等多种艺术形式。巴黎时装以

其奢华、优雅及浪漫前卫的时尚风格享誉全球。巴黎时装发布会的信息就是国际时装流行趋势的风向标。法国拥有Dior、Chanel、Givenchy、Galliano、Chloe等国际女装名牌。全球四大时装周之一的“巴黎高级成衣时装周”源自1910年，每年3月和10月举行。各种专业展览会是巴黎成为“世界时装之都”的重要因素，纱线博览会、面料展览会、内衣展、时装及便装展、服装及纺织品定牌贸易展、布料展等，具有规模大、专业性强、国际化程度高、服务质量好等特点。完善的人才培养体系也是巴黎时装称雄全球的一大关键，巴黎时装学院、法国高级时装公会学校、法国ESMOD学院等都是设计师的摇篮（图1-8至图1-11）。

图1-8 Chanel

图1-9 Pierre Balmain

图1-10 Alexander McQueen

图1-11 Givenchy

二 米兰——国际高级成衣中心

米兰是世界有名的港口城市，是南欧通向中欧的交通要道和商业中心，也是全国最大的工业和金融贸易中心。米兰与世界各地联系频繁，很早就建有隧道直接与巴黎相通，受巴黎时装的影响巨大而迅速。

米兰处处洋溢着浓郁的艺术气息，随处可见被精心保存的名胜古迹，有着与“音乐之乡”维也纳相似的艺术氛围。这样的文化环境造就了一大批对美有着特殊感受与执著追求的设计师，他们的创作思想来源于对大自然的热爱、对美的追求、对生活的理解，这也形成了米兰设计师专属的风格。米兰时装带有极强的建筑风格，多运用立体剪裁，这也是以剪裁、做工著称的意大利高品质服装的保障（图1—12至图1—14）。米兰时装业迅速发展的另一重要因素是其风格独特的面料和一流的印染技术。

每年2月和9月举行的“米兰高级成衣时装周”是世界四大时装周之一，被誉为引领潮流的“晴雨表”。这里有Maxmara、Gucci、Armani、Versace、Valentino、D&G、Trussardi、Prada等国际一线时尚女装品牌。米兰马兰哥尼时装设计学院是培育设计师的著名学院。整个意大利拥有全球1／3的时装设计大师。

图1-13 Gucci

图1-12 Gucci

图1-14 Versace

三 伦敦——世界男装中心

漫步在伦敦的街头你会有一种特殊的感觉，每一个角落都有历史遗痕在诉说着英国过去的辉煌，而随处可见的古老而宏伟的建筑，营造出浓厚的艺术氛围。伦敦大英博物馆建于18世纪，是世界上最大的博物馆，集中了英国和世界各国许多的古代文物；伦敦还有著名的科学博物馆、国家画廊等文化设施；威斯敏斯特宫是世界上最大的哥特式建筑；海德公园是伦敦的名胜之一；在离伦敦城 8 公里的泰晤士河畔，有着世界著名的格林尼治天文台。

伦敦也是公认的世界时装之都，每年两次的“伦敦高级成衣时装周”也是全球瞩目的四大时装周之一。每年两届的伦敦国际女装展则是欧洲闻名的时装展会。届时有众多艺术人才汇集。世界最前沿的艺术思想和最先锋的设计与艺术形式往往先在伦敦出现，这是伦敦成为世界时装之都和创意产业发源地的重要原因。伦敦创意设计产业的艺术基础设施占英国的40%，拥有英国85%以上的时尚设计师、1/3以上的设计机构，时装设计人才云集。

伦敦从19世纪中后期开始就是世界男装中心，彻底打破传统，从设计、裁剪上大胆创新以其古典和前卫的双重形象确立了它在世界时装舞台上的地位（图1-15至图1-17）。

图1-16 伦敦男装

图1-15 伦敦男装

图1-17 伦敦男装

四 纽约——成衣业的开拓者

纽约之所以成为世界时装中心，是因为它是一个移民城市，是世界文化的大熔炉。不同的民族、肤色、宗教、文化在这里融会，反叛、前卫、保守与经典，造就了纽约轻松自然的风格。纽约时装比较大众化、平民化，经久耐穿，价格层次不一，这些特点使纽约时装行销世界各地，遍及各个阶层，开辟了成衣生产的新纪元。尤其在便装生产上，纽约更是领先于其他时装中心，产品讲究功能，极具活力。

虽然纽约相比其他时装之都历史较短，但它同样具备了设计师创作的环境。纽约有大都会博物馆、百老汇、歌剧院，当今最现代的摩天大楼、时代广场、联合国大厦，自由女神像，其多元的文化环境足以激发设计师们的想象力和创作灵感。

一年两次的“纽约高级成衣时装周”与伦敦、巴黎、米兰时装周并列为世界四大时装展示活动。纽约时装业的快速崛起，一定程度上得益于对时装教育的高度重视，全市目前拥有8所专业院校。纽约拥有Calvin Klein、Guess、Bcbg、Ralph Lauren、Kenneth Cole、Donna Karan等国际名牌（图1-18至图1-20）。

图1-19 Donna Karan

图1-18 Calvin Klein

图1-20 Donna Karan

五 东京——新崛起的时装中心，缔造了崭新的东方时尚

东京作为亚洲的时尚中心，诞生了许多令世界热血沸腾的时尚产品，如卡拉OK、机器狗、跳舞机等。东京的设计师擅长于挖掘日本及东方传统中的精华，在结构及形式上，他们吸取并熟练掌握和服与东方服饰中的元素，缔造了新的东方时尚（图1-21至图1-24）。

图1-21 日本时装

图1-22 日本时装

图1-23 日本时装

图1-24 日本时装

东京也是日本各种时髦及流行文化的发源地。这里的设计师认为时装是"文化的工具"。从2005年开始，东京便着力打造每年两次的东京时装周，希望与国际四大时装周并肩。

世界十大奢侈品牌

Donna Karan（唐纳 · 卡兰）

唐纳.卡兰品牌对纽约所汇聚的不同文化及其独特的生活气息作了一个全新的诠释，以更前卫、更时尚、更休闲的手法描绘了纽约不同文化、不同生活方式的时代气息，以截然不同的语言体现唐纳 · 卡兰品牌独特的魅力。

Louis Vuitton（路易 · 威登）

老、中、青三代无人不晓的法国皮具品牌，创立于1854年，最著名的是历久常新的Monogram标志。

Chanel（夏奈尔）

创立于1913年的法国品牌Chanel，最为人津津乐道是创办人Coco Chanel的传奇故事及强烈的个人色彩，早期设计一直以典雅的高级女性套装闻名。

Versace（范思哲）

著名意大利服装品牌Versace代表着一个品牌家族、一个时尚帝国。它的设计风格鲜明，具有独特的、美感极强的先锋艺术的特征。以金属物品及闪光物装饰的女裤、皮革女装创造了一种介于女斗士与女妖之间的女性形象。

Dior（迪奥）

迪奥品牌一直是华丽女装的代名词。其做工以精细见长，设计作品优雅而实用。

Gucci（古琦）

其风格一向被商界人士垂青，时尚之余不失高雅。其品牌服饰风格一直以简洁为主。

Valentino Garavani（瓦伦蒂诺 · 加拉瓦尼）

富丽华贵、美艳灼人是瓦伦蒂诺品牌的特色，其做工十分考究，从整体到每一个小细节都做得尽善尽美。瓦伦蒂诺是豪华、奢侈的生活方式的象征，极受追求十全十美的名流所钟爱。

Prada（普拉达）

Prada皮草创立于20世纪初的意大利，创立人Mario Prada制造了一系列针对旅行的手工皮件产品，Prada的产品追求完美，市场对此品牌的认知度绝不逊于其他任何品牌。

Guess（盖斯）

Guess诞生于1981年，由来自法国南部的马西亚诺兄弟创立。成立时只是一家牛仔裤制造商，现在已发展成当今世界最受认可及最具影响的知名品牌之一，在五大洲均有代理和分销商。马西亚诺兄弟将浪漫热情的法国设计风格融进了他们对美国西部文化的理解之中。

Giorgio Armani（乔治 · 阿玛尼）

创始人 Giorgio Armani（乔治 · 阿玛尼）曾获奈门–马科斯奖、全羊毛标志奖、生活成就奖、美国国际设计师协会奖、库蒂 · 沙克奖等奖项。乔治 · 阿玛尼现在已是在美国销量最大的欧洲品牌，它以使用新型面料及制作优良而闻名。

第三节 服装设计师应具备的知识素养

随着中国服装业的国际化发展和寻求转型的趋势，中国服装企业人才需求也有了新的变化。据服装行业网站的调查显示，目前我国的服装企业中，服装设计师是服装企业最急缺的。但是，国内服装企业并不缺乏单纯的“模仿型”的设计师，而真正短缺的是懂得经营设计的“拓展型”设计师。“中国制造”已得到世界的认可，可是“中国创造”却没有走出国门。模仿、仿造出不了有灵感的原创作品，这些都让中国的品牌无法打入世界市场，甚至无法得到国内许多消费者的认可。中国市场极度缺少“拓展型”服装设计师。如何才能成为一名合格的服装设计师呢？下面从设计师的知识结构，设计师的综合能力，设计师的市场经验来进行剖析。

一 服装设计师的知识结构

设计师的知识结构决定了设计师的设计作品是具有一定的深度和广度，还是各种毫无关联的服饰部件堆砌在一起的“大杂烩”。为了适应飞速发展的市场需求，设计师只有全面充实自己的知识结构，才能设计出优秀的作品。

1 人文艺术知识

文学、历史、哲学等人文学科是所有文化现象的本源。服装是文化现象的载体，中外历史上曾出现过的事件、思潮或多或少都能在服装上有所体现和反映。从高级时装的诞生到后现代主义兼收并蓄的今天，文学、历史、哲学一直都是服装设计的灵感来源。作为一个有创造力和有思想的设计师，必须具备较高的艺术文化素质，才能设计出打动人心灵的作品。

服装设计既是一种产品设计，也是一种艺术创作。因此，广泛的艺术修养对于服装设计师就显得至关重要。曾被誉为“时装之王”的法国高级时装设计大师克里斯汀·迪奥就是具备了建筑、绘画、音乐等多方面知识的一位时装界的巨匠，他的弟子伊夫·圣·洛朗也是一位艺术才华横溢的天才。从圣·洛朗的作品中，可以看到他设计灵感来源之广，可以感受到当代艺术大师们的影响：热情奔放的西班牙风格，华美多姿的俄罗斯情调，单纯豪放的非洲风格，端庄鲜明的中国风格，还有那古典味浓郁的委拉斯凯兹式的婚礼服、色彩明朗的毕加索风格，简洁明快的蒙德里安冷抽象艺术和波普艺术等。现在活跃于国际时装舞台上的设计大师三宅一生、戈尔齐埃、谬葛莱等，也都是一些艺术才华出众的艺术家，深厚的艺术造诣给他们带来了无穷的创造力。

2 服装理论知识

服装设计的初级阶段是对一些基础技法和技能的掌握，而成功的服装设计师只掌握基础技能是远远不够的，还必须掌握一定的理论知识。通过服饰理论知识的学习，可以了解中外艺术史、设计史、服装史和服饰美学等理论知识，同时还能开阔眼界、拓宽设计思路，启发设计灵感。特别是学习中外服装发展史，其源远流长的服饰演变能为我们提供诸多的设计灵感。古埃及风格、古希腊风格、哥特风格、巴罗克风格、洛可可风格在现代服装大师的作品中随处可见。只有了解中西服装发展的历史，理解了现代服饰的演变，才能在设计时立足于现代并预测未来。了解中西服装发展史的变化，会使你更深地体会中西服饰的差异，明白身为东方的服装设计师应该如何面对西方服饰，如何在设计中体现民族风格，如何在世界服饰舞台中赢得一席之地。

3 服装材料知识

熟练掌握和运用服装面料是成熟设计师所应具备的重要条件，设计师首先要了解不同面料的差异及各种面料特点，并悉心体会面料风格，从而在设计中加以灵活运用。不同质地、肌理面料的完美搭配，能显现设计师的艺术功底和品位。服装款式上的各种造型并不仅仅表现在设计图纸上，只有熟悉各种不同的面料和裁剪技术，熟练地掌握和运用面料，设计才会得心应手。

二 服装设计师的综合能力

作为一名服装设计师，还应具有以下几方面的能力。

1 较强的表现能力

表现能力包括两方面：设计初期的绘画表达能力和设计后期的裁剪制作能力。

服装效果图的绘制是服装设计师的基本技能之一，只有具备了良好的绘画基础才能通过绘画的形式准确地表达设计师的创作理念。服装效果图及款式图能够有效表达设计师的构想和激发设计灵感，是进行设计的前提条件。服装结构设计的学习，也是作为服装设计师必须掌握的基本技能之一。结构设计是服装设计的一部分，服装的各种造型其实就是通过对面料裁剪的变化来完成的，如果不懂纸样和结构变化，设计的产品就会不合理、不成熟，甚至无法实现。

缝制也是服装设计的关键，不同的缝制技巧和方法，能产生不同的外观效果，甚至是特别的肌理效果。有的设计师把“缝制效果”作为设计语言来尝试新的设计表达，这种设计手法在现代设计中非常普及。

可见，掌握裁剪、制作的基本技能对于设计师不仅十分必要，而且必不可少。事实上，许多设计的技巧、设计的感觉不在纸面上，而在实际制板、裁剪和缝制的过程中。

2 敏锐的观察力

作为一名服装设计师，对服装具有敏锐的观察力是非常重要的。设计创作的最初灵感和线索往往来自于生活中的方方面面，有些事物看似平凡或者微不足道，但其中也许就蕴涵着许多闪光之处，如果设计师对此熟视无睹，不能发现它们的存在，就不能及时地去利用它们，就会与许多有用的设计素材失之交臂，创作不出好的作品。

3 协作能力

优秀的服装设计师，除了应具备优秀的专业知识以外，还应该有优秀的团队合作能力，这种合作能力有时甚至比专业知识更加重要。要使自己的设计产品产生良好的社会效益和经济效益，离不开相关部门和人员的配合。设计信息、材料来源、工艺生产环节、产品宣传推广、市场促销……无一例外都需要各方面的协调和配合。具体地讲，一套衣服从设计到成衣到穿在消费者的身上，其间若干环节的相互衔接配合是非常重要的，能够相互作用、共同发展。要想在服装设计领域取得一定成绩，在这个科技突飞猛进的社会环境中靠单兵作战、靠个人英雄主义基本上不可能，只有凭借团队的力量，资源共享，协力合作才有可能有所突破。一名优秀的服装设计师必须是一个善于沟通、与人配合协调、协作能力极强的人。

三 服装设计师的市场经验

服装设计师最终要在市场中体现其价值。不成熟的设计师和成熟的服装设计师之间的差异就在于前者对市场缺乏足够的认识和经验不足。作为一名服装设计师，要在最短的时间里熟悉市场、了解市场行情。一种产品设计，设计的优劣不是靠某位专家来评说的，而是由市场来检验的。因此，设计师如果对自己所服务的目标市场一无所知，那将非常危险，因为其设计投产后很可能不被市场认可而造成产品积压，从而给企业带来巨大的经济损失，甚至使之倒闭。虽然，设计师在设计时应保持自己的个性和独特的设计风格，但这并不等于无视市场的需求。设计师与画家不同，不能孤芳自赏，一定要时刻注意把握市场的新动向；在保持自己设计风格的基础上，还要替消费者考虑，才能在激烈的市场竞争中立于不败之地。

思考与练习

1. 简述中外服装产业近三十年的发展状况并收集相关的文字、图片。

2. 整理五大时装之都的品牌资料，要文字、图片兼顾，每个时装之都最少整理六个品牌。

品牌名称

Calvin Klein（卡尔文·克莱恩）

品牌档案

(1) 国家：美国

(2) 创建年代：1968年

(3) 创建年代：弗朗西斯科·科斯塔（Francisco Costa）

(4) 品牌线：Calvin Klein（高级时装）、CK Calvin Klein（高级成衣）、Calvin Klein Jeans（牛仔）

(5) 产品系列：休闲装、袜子、内衣、睡衣、泳衣、香水、眼镜、家饰用品等

(6) 设计风格：极简、性感、轻松、优雅

品牌识别

Calvin Klein（卡尔文·克莱恩）是一个全方位的设计师，不论是正牌、副牌还是任何一个产品路线，他都有完整的企划想法。现在，他旗下一共有三个主要的服装路线，而配件则依服装表现来搭配设计。

①Calvin Klein：以整齐、干净的线条写出Calvin Klein，与设计师洁癖般的极简风格不谋而合，Calvin Klein Collection是旗下的第一品牌。②CK Calvin Klein：Calvin Klein把名字用他自己最喜爱的褐色，当作标志一般，放在黑色的大CK上，简称CK，是年龄层较为年轻的副牌。③CK Calvin Klein Jeans：Calvin Klein服装的牛仔装系列，设计师干脆把CK直接用成褐色，压上Calvin Klein Jeans黑字，简称CK Jeans。

品牌综述

Calvin Klein是美国第一大设计师品牌，曾经连续四度获得知名的服装奖项；旗下的相关产品更是层出不穷，声势极为惊人。Calvin Klein从1968年开始建立自己的公司到现在，已在时装界纵横了三十年，享有盛名，并被认为是引领当今美国时尚的代表人物。他认为今日的美国时尚是现代、极简、舒适、华丽、休闲又不失优雅气息，这正是Calvin Klein的设计哲学。Calvin Klein作为全美最具知名度的时装设计师，除设计高档次、高品位的经典服装之外，他还是那些以青年人为消费对象的时髦的无性别香水和牛仔服装的倡导者。

第2章 服装设计概论

【知识目标】了解服装设计的含义及在进行服装设计时必须把握的设计条件，掌握服装的分类方式及各种类型服装的特点。

【能力目标】掌握不同类型服装设计的目的和要求。

第一节 服装设计的含义

服装是人类生活最基本的需求之一，人类生活离不开服装。人们在解决了基本的生存需求之后，由“吃饱穿暖”转变为“衣、食、住、行”，进而发展为物质满足之后的精神追求。把“衣”放在首位，强调服装具有物质的和精神的双重属性，一方面，服装能够不断满足人类基本的物质生活需要；另一方面，服装文化也是人类文明的重要组成部分。它使人类摆脱了一般意义上的物体属性，向更高层次的生存方式进化。

一 服装设计的基本含义

服装是伴随着人类文明的发展而发展的，在各个不同的发展时期，人们对服装的理解不尽相同，服装的基本概念也有所区别。成衣是工业大生产的产物，指近代出现的按标准号型批量生产及销售的成品衣服。这是相对于在裁缝店里按各人尺寸量体定做和自己缝制的服装而言的。在商场和品牌专卖店出售的衣服都属于成衣。

服装一词目前在我国使用比较广泛，可从两方面理解。第一，服装是指所有穿戴的总称，是“衣裳”、“衣服”的一种现代称谓，也是“成衣”的同义词，日常生活中广泛使用的如服装厂、服装店、服装公司等。另外，人们习惯上把那些流行倾向不大明显，在某一段历史时期内不过时，并且被大多数人接受的常规性衣服或成衣称作服装，以区别于“时装”。第二，是指人类穿戴、装扮自己的行为，即人着装后的一种状态。“服”是包裹、穿戴的意思，“装”是装扮的意思。这种状态是由着装者、衣服和着装方式三个基本因素构成，而这三个因素又都是可变的，任何一个因素的变化，都会形成不同的着装状态。

时装是指在一定的历史时期或一定区域内流行的、时髦的、具有鲜明时代特征的流行服装，并且多指变化丰富的女装。这个概念是相对于大多数人所选用的变化较小的常规服装而言的，代表某一历史时期的时代精神和流行倾向。“时装”具有流行性和周期性，根据流行和普及的程度，时装可分为前卫时装和流行时装两种。

设计（Design）一词来自法语、意大利语和拉丁语的融合。一般意义来讲，设计是人们进行创造性的一种活动，是一种整体的计划、规划和处理问题的方法和表达过程。设计是一门综合学科，也是一门边缘学科。而服装设计是以追求人体美为目的，以一定的材料为基础，运用一定的表现方法，塑造人体美的创造性过程。服装设计不只是画设计图，它应是从设计款式图样，到确定版型、工艺流程及样衣制作的全过程，还包括消费者对产品的选择和购买等过程，如设计的服装不能被消费者去选择和购买，那服装的设计也就不成功，因此，在后一阶段也同样存在着设计。故所谓的服装设计，其实是思维、创造等各方面的系列行为。

二 服装设计的条件

在进行服装设计时，首先应该明确的是设计目的，还要根据设计的对象、穿着的环境与场合、穿着的时间等要求进行设计，从而达到人、环境、服装的高度和谐，这是在服装设计前必须考虑的设计条件。确定服装设计的条件通常有以下几方面。

1 消费者是谁？（who）

在设计之前首先要了解穿着群体，分析其需求，然后进行设计定位。因为每类人群的生活状态不同，年龄、性别、职业、经济收入、文化程度、社会地位、风俗习惯等都有区别，所需要的服装也不一样。

另外，一切设计上的美学原理与配色方法的分析最终都是为人服务的，服装的色彩与人的肤色、形体、审美观念等方面的关系都极为密切。穿着者的体型、肤色、兴趣、爱好等方面有很大差异，这些差异因素都要在设计之前了解清楚，分析透彻，只有把这些因素融合在一起统筹计划，才能进行更为科学有效的整体设计。

2 消费者在什么场合穿？（where）

服装设计要受到服装所处场合的制约，什么场合穿是服装设计必须考虑的因素。这种因素包括两个方面：一是自然环境；二是社会环境。自然环境因素是指由于居住区域的不同，所处地理环境、气候温度差异很大，其生活习惯也有很大区别，所产生的穿着方式也不一样，服装风格迥异；社会环境因素是指在人类社会生活中，有不同场合的约束，服装要与场合相配。环境是服装存在的空间，只有重视环境因素，才能更准确地定位，更有效地设计，取得设计的成功。

3 消费者在什么时候穿？（when）

什么时候穿，一般指两个方面：一是指春、夏、秋、冬四季中所穿的服装。在不同的季节，人们将选择不同的面料、款式、色彩的服装与之相适应，即所谓的夏装、春秋装和冬装；二是指具体的穿着要求，每天穿着的服装，以及一天之中，从早到晚服装的更替，即上班服、礼服、家居服等。服装是随着季节及具体时间的更替而变化的，其时限性很强。明确时间要求，把握设计的基本要素，进行有针对性的设计十分重要。

4 消费者为什么穿？（why）

消费者是服装设计的中心，设计师首先要了解消费者是因为什么目的而购买此款服装；其次，不同的文化背景、教育程度、个性与修养、艺术品位以及经济能力等因素也都会影响个体对服装的选择，只有清楚了消费者的购买目的，设计时才能准确定位。

5 消费者会购买什么样的服装？（What）

消费者决定购买一件服装，是因为服装的款式、用途及价格都能满足消费者的需求。今天的消费者对服装流行的敏感度在不断增强，因此对服装的要求也就越来越高，不但要流行好看，还要经济实用。所以，真正意义上的好的服装设计产品必须满足消费者的多样化需求。

品牌名称

Yves Saint Laurent（伊夫·圣·洛朗）

品牌档案

(1) 类型：高级时装

(2) 创始人：Yves Saint Laurent（伊夫·圣·洛朗）

(3) 注册地：法国巴黎（1962）

(4) 设计师：Yves Saint Laurent（伊夫·圣·洛朗）

(5) 品类：高级时装、香水系列、首饰、鞋帽、化妆品、香烟等

风格综述

创始人Yves Saint Laurent（伊夫·圣·洛朗）1936年生于阿尔及利亚，21岁时任全球最有声望的迪奥时装公司的首席设计师，但是好景不长，由于迪奥的老顾客们认为伊夫·圣·洛朗过于激进，1960年他被炒了鱿鱼。1962年他在巴黎建立自己的公司。圣·洛朗的设计既前卫又古典，模特不戴胸罩展示薄透时装正是他开的先河。圣·洛朗善于掩藏人体体型的缺陷，常将艺术、文化等多元因素融于服装设计中，汲取丰富的灵感，自始至终力求高级女装如艺术品般完美。圣·洛朗的旗舰产品是高级时装，服务于全球的几千名富豪，用料奢华，做工讲究，价格昂贵，常人难以接受。

第二节 服装的分类及其特点

一 服装的分类

从原始人类赤身裸体到将树叶、兽皮包裹在身上，到用骨针缝制出原始服装，再到纺织业和服装业的出现，服装经历了一个漫长的发展过程，种类越来越多，服装类型也划分得越来越细致。但根据目前服装行业和服装市场的情况，我们可将服装从以下几方面进行分类。

1 按年龄、性别分

（1）按年龄分为：童装（婴儿装、幼儿装、学龄装、少年装）、青年装、成人装和中老年服装。

（2）按性别分为：男装、女装和中性装（男女均可穿着的服装）。

2 按季节气候分

按季节气候分，有春秋装、夏装和冬装。

3 按材料分

按材料可从两方面进行分类，一是以面料的纺织类型划分：有梭织和针织两类；二是以面料的原料划分：有棉质服装、毛质服装、丝质服装、化纤服装、裘皮和皮革服装等。

二 各类服装的特点

1 童装的特点

童装的设计风格以体现儿童的童趣、天真可爱为主，而不是大人服装的复制。童装的材料多选择易洗、耐用、柔软，伸缩性、透气性、保暖性和吸湿性好的纯棉布面料，夏天选用吸湿性强、透气性好的高纱支针织面料或柔软的纯棉面料；冬季采用保暖性好的针织面料、精选纯棉面料或耐磨、耐洗的涤卡、斜纹布、灯芯绒等面料；色彩应鲜亮、活泼、纯净；款式要易于穿脱（图2-1至图2-6）。

图2-1 童装

图2-2 童装

图2-3 童装

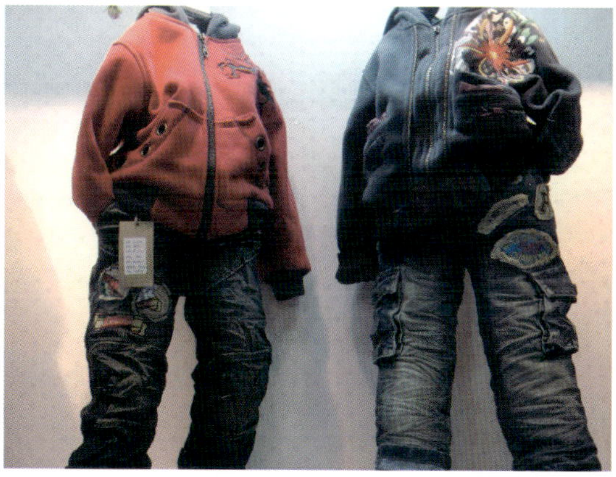

图2-4 童装

图2-5 童装

图2-6 童装

2 男装的特点

男装的风格特点是简约、豪放、挺拔和严谨，具有阳刚之美。男装相对女装而言，款式变化较少，注重工艺上的细节处理和服装的整体风格。优质的面料、和谐的色彩、精致的做工是男装的突出特点（图2–7至图2–11）。

图2-7 Sisley

图2-8 Sisley

图2-9 John Galliano

图2-10 John Galliano

图2-11 KENZO

3 女装的特点

女装的风格特点是轻盈、艳丽和柔美，具有阴柔之美。女装与男装相比，更注重款式、色彩和面料的流行及配饰的整体效果（图2—12至图2—17）。

图2-12 女装

图2-13 女装

图2-14 Alexander McQueen

图2-16 Chanel

图2-15 Alexander McQueen

图2-17 女装

4 销售型服装的特点

销售型服装是在商场及专卖店里销售的成衣。其特点是符合商品流通的价值规律、符合国家标准号型要求，工艺符合工业化生产标准，符合市场流行趋势（图2-18至图2-21）。

图2-18 销售型服装

图2-19 销售型服装

图2-20 销售型服装

图2-21 销售型服装

5 发布展示型服装的特点

发布展示型服装是为了品牌宣传、流行趋势发布或订货而制作的。此种服装主要是时装设计师为创新设计流派或发布新的创作主题和意念而进行的设计，更多地用于学术性、广告性的时装表演和发布会。时装表演和发布会对时装界探索新的流行趋势、发现新的人才起着重要作用，是设计师新作公开发表或意在引导时装流行的预报。设计师、服装公司以此来展示实力，提高知名度，创立品牌，引导和扩大消费（图2—22至图2—24）。

发布展示型服装在设计时考虑更多的是市场性，多以成衣设计为主，便于引导消费者的购买倾向。

6 比赛用服装的特点

比赛用服装是为推动服饰行业的发展、宣传企业形象、促进品牌推广或推出优秀设计人才而举行的服装设计比赛中展示的服装。比赛用服装须围绕大赛主题进行设计，有创意型和实用型两个种类（图2—25至图2—27）。

图2-22 发布会服装 Chanel（香奈儿）

图2-23 发布会服装 Chanel（香奈儿）

图2-25 汉帛杯服装设计大赛作品

图2-24 发布会服装 Chanel（香奈儿）

图2-26 兄弟杯服装大赛作品

图2-27 服装大赛作品

图2-28 杉伊奴生活装

图2-29 生活装

7 生活服装的特点

生活服装主要是指在日常生活中穿着的服装，设计时考虑更多的是方便在日常生活中的穿着，强调服装的实用性、功能性，美观性，因此生活服装容易被普通消费者所接受。

生活服装有日常装、正装、礼服等，用于婚礼、丧礼、应聘、聚会、访问等场合。其面料讲究，款式及色彩强调与穿着场合相适应（图2—28、图2—29）。

服装的分类标准还有很多，其关键是掌握服装的分类标准和服装形态，明确各类服装设计的目的和要求，正确选择面料、辅料，采用合适的工艺，有针对性地使用各种方法，最终设计出令消费者满意的服装。

品牌名称

Issey Miyake（三宅一生）

品牌档案

（1）创建年代：1970年

（2）创始人Issey Miyake（三宅一生）

（3）产品类别高级成衣、香水、腕表等

产品系列

时装类——三宅一生时装分为四个线路：三宅一生高级成衣、Issey Sport 一生运动系列、Plantation 花木世界、三宅褶皱（Pleats Please）。

香水类——1994年，三宅一生推出其经典之作——“一生之水（L'Eau D'Issey）”，时至今日，三宅一生“一生之水”女香与男香一直都是全球各大香水专卖店畅销的高级时尚香水，拥有许多的追随者。

品牌故事

三宅一生的创始人Issey Miyake先生，1970年在东京成立了三宅一生设计室，此后相继成立了三宅一生国际公司、饰品公司、欧洲公司、美国公司等。曾获日本时装编辑俱乐部奖、迈尼奇时装报大奖等多项奖项。

三宅一生是伟大的艺术大师，他的时装极具创造力，集质朴、现代于一体。三宅一生的服装设计直接延伸到面料设计领域。他将自古代流传至今的传统织物，应用了现代科技，结合他个人的哲学思想，创造出独特的织料和服装，被称为“面料魔术师”。三宅一生（Issey Miyake）还擅长立体主义设计，他的服装让人联想起日本的传统服饰，但这些服装形式在日本是从来未有的。三宅一生的服装没有一丝商业气息，有的全是充满梦幻色彩的创举，他的顾客群是东西方中上阶层前卫人士。

三宅褶皱（Pleats Please）是一般大众对三宅一生品牌最直接的印象。他的设计中贯穿着人道的思考，认为人们需要的是随时都可以穿的、便于旅行的、好保管的、轻松舒适的服装，而不是整天要保养、常送干洗店的服装。因此三宅一生设计的褶皱面料可以随意一卷，捆绑成一团，不用干洗熨烫，要穿的时候打开，依然平整如故。这是服装面料上的一次革命性事件。三宅一生凭着奇特褶皱的面料，在才子如云的巴黎时装界站稳了脚跟。他根据不同的需要，设计了三种褶皱面料：简便轻质型、易保养型和免烫型。

现在，三宅一生已归入著名日本奢侈品集团——资生堂（Sheseido）旗下。

思考与练习

1. 举例说明服装常用的分类方式有哪些。
2. 举例说明各类服装的特点是什么。
3. 服装设计的条件是什么？

第 3 章

设计理念与设计思维

【知识目标】了解服装设计的设计理念。

【能力目标】通过本章的学习，树立正确的设计理念，能熟练使用服装的设计方法进行设计。

第一节 设计理念

服装设计对每一个人来讲都不陌生，尤其对女性来讲更是百谈不厌的话题，对色彩、款式、面料、图案以至于服装上的纽扣、拉链都可以做到如数家珍，但是，如果让人们给服装设计下一个科学的定义，从理论上进行系统地诠释，对大多数人来说就比较困难了。随着社会的发展，时代的变迁，人们对服装设计的理解与诠释也在发生变化。了解服装设计与时代理念之间的相互关系、揭示其中蕴涵的规律是从事服装设计的工作者，尤其是从事服装教育的工作者应尽的责任与义务。解析服装设计中的时代理念是洞悉21世纪服装舞台的窗口，也是开启服装圣殿的金钥匙（图3—1）。

一 从设计看时代的变迁

人类区别于动物的一个重要标志是人类不断地从事着创造性的活动，这种创造活动主要体现为人类制造物体的历史。人类制造物体的行为，与动物本能地制造巢穴不同，人首先有一个想制造某种物体的要求，根据这个要求在头脑中产生出形象，然后考虑选择材料，研究制造方法进行制造和使用，这一系列的过程，实际上就是设计。社会学家依据人类社会发展进程中，社会的经济结构、生产方式、劳动力状况和科学技术发展水平，可以将人类社会的发展进程大体分为原始社会、农业社会、工业社会、信息社会四个主要阶段。原始社会的社会经济、生产方式、劳动力状况和科技水平都极为落后，对今天的设计理念影响甚微，这里不作论述。

图3-1 设计理念不同，设计出来的服装效果也就不一样

1 农业社会——装饰设计阶段

农业社会属于自给自足的时代，许多产品制造过程都是由同一个人来完成的，后来一些技术高超者则分化出来，形成一种专门的职业——工匠。在这一历史时期，从事服装制作的较有成就者被称为裁缝匠，他们的高超技艺和设计能力都是通过世代积累传承下来的，多以师傅带徒弟的形式来发展。技艺的积累是缓慢的，这个过程很像人或自然界动物的进化过程，是经过漫长年月完成的。这个

时代是设计意识和所谓的设计师还没有出现的时代，由于技术进步速度缓慢，各类产品的材料和加工办法也是固定的。农业经济时代各类产品的制造，形成了从制造方法到使用方法一整套完整的样式，这时的设计，就是对这些样式的选择。在这些样式中，产生了具有高超技巧的装饰设计，可以说这是人类设计历史上的第一个阶段。

2 工业社会——生产设计阶段

人类步入工业社会是在18世纪，以英国人约翰·凯发明的飞梭织布机为标志，此后蒸汽机的发明带动了钢铁业、煤炭业的快速发展，随后产品制造业也以大工业的生产方式飞速发展，工业革命逐步向全球扩展。机械生产的设计方法和手工业时代在思考方式上有着根本的区别。从材料的选择，一直到加工方法、制造方法以及销售、使用、废弃等，都要有计划，即注重设计的系统性和体系性。这个阶段称为生产设计阶段，是人类设计史上的第二个阶段，在这个阶段中产生了设计师这个职业。

3 信息社会——生活设计阶段

人类社会发展到20世纪80年代，随着科学技术的飞速发展，计算机的普及以及数字技术的广泛使用，以西方发达国家为核心的原工业发达国家率先进入了信息化时代。随着科学技术的发展，物质生活的提高，人们开始追求生活的多样性，寻找适合自己生活需要的个性设计。与第二阶段以生产为主的设计相比，这里进入了以消费者生活为主的设计。每个设计师、每个企业，都必须站在消费者的立场上进行设计，设计充分体现在生活的各个方面和角落。生活方式的个性化、自由化带来了设计的多元化。这个阶段被称为生活设计阶段，是人类设计史上的第三个阶段。

二 设计理念的含义

谈服装设计的理念首先要了解设计的概念。一般情况下，很多人认为设计就是色彩、花纹、形状或装饰处理。从广义上理解，设计是指在某种目的的指导下，进行创造性的想象，将头脑设想具体地表现出来的一种活动（图3-2）。川添登在《什么是设计》一文中指出："所谓设计，是指从选择材料到整个制作过程，以及作品完成和使用之前，根据预先的考虑而进行的表达意图的行为。反过来讲，只有人类心象的物质性或实体性的实现才能称为设计。"

服装设计的概念是："以服装为对象，考虑其各种机能性，选择素材，运用一定的技法来完成一个服装形体，使设想实物化的创造性的行为。"（引自李当岐《服装学概论》）由此可见，服装设计是一种状态的设计，这种状态即是人体着装后的一种状态。服装设计过程中，因服装的机能性要求同时满足人们的生理需要和心理需求，以使这种状态达到完美，所以，能够满足人体生理需要的物质材料就要依靠科学的手段来获取，这就要求设计师有一定的科学素养，这样的设计成果才具有一定的科学性。同时，为了满足人们的心理需求，还需要设计师具备一定的艺术修养，设计的作品才能够符合人们的审美情趣，体现出丰富的精神与文化内涵。

图3-2 个性化设计

理念一词源于哲学，意即看法、思想，是思维活动的结果。设计理念是设计的着眼点，也是时代的产物，每个时代都有与之相适应的设计理念，理念的设定决定了面料、色彩、款式设定的原则，是设计思维的根本所在。

设计理念是设计师在空间作品构思过程中所确立的主导思想，它赋予作品文化内涵和风格特点。好的设计理念至关重要，它不仅是设计的精髓所在，而且能令作品具有个性化、专业化和与众不同的效果。服装艺术发展至今，其多元化的特点较为明显。设计理念必须以人为本，针对客户年龄、职业、爱好、文化层次等特点，根据客户主观方面的个人喜好来定。

那么，就整个社会和人的相对认识而言，是美的形态更重要，还是人性化更重要？现代设计师的面前有一个键盘，上面有美感的、人机的、生产过程的……设计师如何调动这些元素来为自己的设计服务，设计师对于产品的认识和理解以及目的就是设计理念。成功的设计，总是代表特定时期先进的思想和技术，折射出文化和艺术的水准，物化主流群体的价值观，直指未来的发展趋势，引领新的消费潮流。

三 设计理念的形成

任何事物的形成都不是孤立的，它与社会环境、自然环境、人文环境以及自身特点有着密切的关系。在设计实践活动中，设计理念的形成和变化主要受以下因素的影响。

1 社会价值氛围的约束

每个社会都有自己的道德观和价值观，个人是离不开社会约束的，社会氛围的力量是巨大的，在一定的社会氛围内，个人不可能有太严重的违反特定道德观和价值观的行为，否则将被社会排除在外。设计活动围绕商业目进行，人们不可能进行脱离市场的设计活动。

2 时代艺术环境的熏陶

设计活动不是纯粹的艺术活动，服装也不只是艺术的产物，它还有商业性的特征，往往牵涉到具体的产品。设计的作品还存在市场销售问题。

3 个人设计经验的积累

设计理念在设计作品中体现为设计风格，没有理念也就没有风格。设计风格的形成要靠长期的工作经验积累以及对设计很好的悟性，要靠设计师丰富综合的修养，包括艺术修养和生活修养。设计比艺术更贴近生活，良好的生活修养是形成设计风格必不可少的条件。

4 设计表达载体的限定

设计理念是抽象的、虚无的；载体是具象的、现实的。在这里，设计表达的载体可以说是每个设计种类面对的设计对象。由于设计种类的不同，设计对象使用的材料和加工方法等也截然不同，设计理念也不得不因此而异。

四 典型的设计理念

第二次世界大战结束之后，战争带给人们的思考以及相对和平的社会环境，引发了新的艺术思潮，并顺理成章地启动了设计理念的变革。工业技术的迅猛发展为设计理念提供了强有力的将思维转化为实物形态的技术支持，社会经济的快速发展更使新的设计理念、设计学术和新的流派层出不穷，其种类之多，难以统计。尽管在称呼和说法上不一致，但是概括起来，典型的设计理念主要有以下几种：极端主义、中庸主义、唯美主义、现实主义、科技主义、功能主义、先锋主义、人本主义。

五 解析服装设计与时代理念

服装设计中存在着这样三个阶段，即装饰设计阶段、生产设计阶段、生活设计阶段。所不同的是，因为经济发展的不平衡，在现今许多国家或地区中，三种社会形态同时共存，因而三种设计方式也同时存在。这就要求从事服装设计的人员在选择设计对象，进行新产品的开发定位上要有一定的针对性，同时，还要充分地了解自己所处的社会环境与时代背景。

20世纪60年代中期以前，服装流行是以设计师为中心的，即设计师左右流行趋势。其中的一个关键原因是，当时信息的传递还主要依靠报纸、杂志、电报、电话等手段，这些手段受地域、时空的限制和影响较大。服装设计师发布一组流行信息，人们接收到这一信息的时间是不同步的，呈现递减状态，离服装设计师的时空距离越远，接收到这一信息的时间就越长，因而各个国家或地区的人们追赶时髦的时间和速度也不一样。这一时期对服装设计师来讲是幸运的，可可·香奈儿、伊夫·圣·洛朗、乔治·阿玛尼等诸多国际服装设计大师，在引领世界服装潮流的同时，也在工业化进程中创造了辉煌的业绩，他们的名字就是最好的服装品牌，在全世界拥有大批的追随者，这些服装大师的才华为全球所公认。

进入信息化时代，互联网把地球上的大多数国家和地区连接起来，变成地球村。通过电脑、电视，人们可以同步了解到世界各地发生的各类事件，服装信息更是如此。人们只要坐在电视、电脑前就可以同步观看巴黎服装大师的发布会，最新的流行信息。流行款式24小时之内传遍世界各地。人们越来越不喜欢穿着与他人同样款式的服装，追求自由和个性。生活方式的多样化带来了服装设计的多元化，流行不再由设计师来左右，而是由消费者自己来创造，每个设计师都必须乐于让消费者选择（图3–3）。

图3-3 Christian Dior品牌的高级定制服

图3-4 服装整体色调及配饰的协调性

图3-5 服装整体色调及配饰的协调性

在信息化社会，服装设计师如何与服装生产企业融合，如何使自己的设计作品与企业的规模化生产相互适应；企业如何调整自己的生产方式，如何安排适应小批量、多品质的工艺流程，都需要两方面充分沟通，相互适应，共同努力才能够达到共赢。服装设计师需要经常走向社会，融入消费者当中，倾听他们的意见，了解他们的兴趣、爱好，站在消费者的立场上，从事自己的设计工作。只有这样，服装设计师才能够在信息时代找到合适的位置，才能够被消费者认同，被企业接纳，在T型舞台上创造辉煌。

社会生活千变万化，人的性格也有诸多差异，有的人活泼开朗，有的人耿直豪爽，有的人温文尔雅，有的人恬静细腻。模仿不是美，拼凑不是美。服装要忠于个性，衣着是你的发言人。其实，服饰的美不美，并非在于价格高低，关键在于配饰得体，适合年龄、身份、季节及所处环境的风俗习惯，更主要是全身色调的一致性与和谐的整体效果（图3-4、图3-5）。

人类穿衣是为了遮羞、保暖和美化，这就是服装的三大功能。随着时代的变迁，经济的发展，人们对“美化”功能的要求越来越高。因价值观、审美观的个性差异和时代差异，服装的“美化”成为最复杂、最难把握的功能。现代社会的服饰概念，个性化的色彩越来越浓。中国有中国的流行时尚，美国有美国的流行时尚，意大利有意大利的流行时尚。但一些国际著名品牌之所以著名，是因为它不仅具有丰富的个性，还缔造了世界性的时尚。缔造时尚也就是创造品牌文化。打个比方说，“可口可乐”、“麦当劳”为什么出名？因为它们创造了一种文化概念，经营的是文化。服装也一样，归根结底，“美”具有一些本质的特点，服装不仅要显示它的独特个性，更要将个性升华为一种为全世界所认可的服饰文化概念。

服饰产品创新的核心，应该是设计理念的创新。这种创新，应该建立在对服饰文化本质的充分理解，对它的发展趋势准确把握的基础上。“波司登”以市场为导向的设计理念创新，是独特个性与广泛共性的结晶体，是文化艺术和市场经济的最佳组合。“波司登”羽绒服目前的主要特点为时装化、休闲化，简洁、贴身，体现了人类对简约生活的追求。

随着经济全球化时代的到来，支持设计理念创新的，应该是用料和产品工艺的创新。理念是服装的灵魂，用料则是服装的骨干。现今世界，纺织业突飞猛进，新面料层出不穷。设计师不仅要充分注意国内纺织新面料的出现，还要根据人们的需求，从日本、法国、印尼等地进口面料，或定制一些特殊面料，以形成服饰的独特品质。新出现的全棉PU涂层面料、防水透气的PTFE面料、PVC等现代感面料以及TTU环保内隔层等，就是向这个目标靠近的成功范例。

品牌名称

Christian Dior（克里斯汀·迪奥）

品牌档案

(1) 创始人：Christian Dior（克里斯汀·迪奥）

(2) 注册地：法国巴黎（1946年）

(3) 设计师：1946-1957年，Christian Dior（克里斯汀·迪奥）；1957-1960年，Yves Saint Laurent（伊夫·圣·洛朗）；1960-1989年，Marc Bohan(马克·博昂)；1989-1996年，Gianfranco Ferre(詹弗兰科·费雷)；1996年以后，John Galliano(约翰·加利亚诺)

(4) 品牌线：Christian Dior(克里斯汀·迪奥)高级女装、高级成衣

(5) 品类：高级女装、高级成衣、针织服装、内衣、香水、化妆品、珠宝、配件等

品牌故事

(1)迪奥品牌一直是华丽女装的代名词。大V领的晚礼裙、多层次可自由搭配的皮草等，均出自于天才设计大师迪奥之手，其优雅的窄长裙，从来都能使穿着者步履自如，体现了优雅与实用的完美结合。迪奥品牌的革命性还体现在致力于时尚的可理解性：选用高档的上乘面料如绸缎、传统大衣呢、精纺羊毛、塔夫绸、华丽的刺绣品等；而做工更以精细见长。

(2)1957年后，迪奥仍是华丽优雅的代名词。第二代设计师伊夫·圣·洛朗在1959年将迪奥推向了莫斯科，并推出迪奥的新系列——苗条系列。第三代继承人马克·博昂，首创迪奥小姐系列，延续了迪奥品牌的精神风格，并将其发扬光大。1989年迪奥品牌由意大利设计师费雷主持设计，他的到来为迪奥传统的较夸张、浪漫的风格融入了新的严谨与典雅。如今的迪奥公司由lvth集团管理；1997年，年轻的英国籍设计师加里亚诺被推上了迪奥的前台。进入20世纪90年代后的迪奥品牌，其产品除高级女装、高级成衣以外，还有香水、皮草、头巾、针织衫、内衣、化妆品、珠宝及鞋等。

(3)几十年来，迪奥品牌不断地为人们创造着“新的机会，新的爱情故事”。在战后巴黎重建世界时装中心过程中，迪奥作出了不可磨灭的贡献。

第二节 设计思维

设计是一种思维活动，人们通常用形象思维与逻辑思维的统一来解释创作思维活动。设计思维作为创造性思维的一种，它的形象性与逻辑性似乎更加明显。

服装设计是艺术创作与实用功能相结合的设计活动，设计者必须具有充分的创新思维能力，才能从日常司空见惯的服装形式中创作出更新、更美的服饰。

我们对于环境事物的感觉经验，都是源于过去的接触积累。即使不经肌体接触，也能判断它的软硬、粗细、轻重、冷热等。尽管因生活背景、学习经验各异，但经过不自觉的归纳，多数人内心深处沉淀的感官体验，完全相似。

就物理功能而言，线条或色彩本身是没有任何情绪的。由于经验的积累，才使人感受到粗线的坚实，细线的纤柔。快速画出的线条有流畅感，慢速画出的线条有滞凝的感觉；不同的颜色传达不同情绪的象征意义。就像中国的书法艺术，不用声音就可以表现节奏和旋律，不必模拟实物的外形，就能准确地表达出软硬、疏密、虚实、敧正等结构形态。利用点、线、面的规划，大小错落及动静收放，产生顿挫、缓急的节奏，进而达到对优美旋律的追求。

每一个人都可以判断美与丑，和谐与冲突的差异，这种能力有别于知识性的思考，可称为“形象思维”。成功的设计者，就是利用“形象思维”来思索点、线、面的构成，设计推演出有效地唤起美感经验的作品。

从发展的角度说，思维分为：直觉行动思维、形象思维、抽象逻辑思维、辩证思维等。思维又可分为以下几对：直觉思维和分析思维、发散思维和聚合思维、习惯性思维和创造性思维等。

一 直觉思维

直觉思维即直线性联想思维，是一个重要的心理过程，它是在艺术创作中通过艺术化的设计表现手段将“人工”的艺术表象植入作品当中，从而使观者透过视觉的表象感受到作者所要传递的艺术思想，进而达到沟通的目的。

1 直觉思维的概念

直觉思维是指不受某种固定的逻辑规则约束而直接领悟事物本质的一种思维形式。直觉思维具有迅捷性、直接性、本能意识等特征。

对直觉的理解有广义和狭义之分：广义上的直觉包括直接的认知、情感和意识活动在内的一种心理现象，也就是说，它不仅是一个认知过程、认知方式，还是一种情感和意识的活动。而狭义上的直觉是指人类的一种基本思维方式，当把直觉作为一种认知过程和思维方式时，便称之为直觉思维。也就是人脑对于突然出现在面前的事物、新现象、新问题及其关系的迅速识别和综合判断。简言之，直觉就是直接的觉察（图3-6、图3-7）。

图3-6 利用动物的外观效果进行的服装设计

图3-7 直觉思维的运用

2 直觉思维的特征

直觉思维具有以下六个方面的特征：

①直接性，即主体不通过一步步的分析过程而直接获得对事物的整体认识。这是直觉思维最基本和最显著的特征。

②快速性，指思维的结果产生得很迅速，这种快速性使思维者对所进行的过程无法作出逻辑解释。

③跳跃性，在认知过程中，分析思维是以常规的方式按步骤展现的，而直觉思维一旦出现，便摆脱了原先常规的束缚，从而产生认知过程的急速飞跃。

④个体性，它与思维者的知识经验和思维品质相联系，表现出直觉的个体特征。

⑤坚信感，主体以直觉方式得出结论时，理智清楚，意识明确，这使直觉有别于冲动性行为，主体对直觉结果的正确性或真理性具有本能的信念（但这并不意味着取消进一步分析加工和实验验证的必要性）。

⑥或然性，非逻辑思维是非必然的，有可能正确，也可能错误，表现出直觉思维的局限性。

直觉思维与分析思维相比虽然有着明显的区别和不同，但二者的发生和形成并不矛盾。在一定程度上，直觉思维就是分析思维的凝结或简缩。从表面上看，直觉思维过程中没有思维的“间接性”，但实际上，直觉思维正体现着由于“概括化”“简缩化”“语言化”或“内化”的作用，高度集中地“同化”或“知识迁移”的结果。 直觉思维是一种心理现象。它不仅在创造性思维活动的关键阶段起着极为重要的作用，还是人生命活动、延缓衰老的重要保证。

直觉作为一种思维方式，是指不依靠明确的分析活动，不按事先规定好的步骤前进，而是从整体出发，用猜想、跳跃、压缩思维过程的方式，直接而迅速地作出判断的思维。

爱因斯坦曾说，“真正可贵的因素是直觉。”我们在创造发明等活动中可以凭直觉抓住思维的“闪光点”，直接了解事物的本质和规律。直觉思维在创造发明过程中的作用可谓无与伦比。每个人在学习和生活中都能获得一些创造发明的灵感，而这一灵感的获取是与直觉密切相关的。我们在设计时有时会突发奇想，得到一个意想不到的作品，只有积极思考问题，认真观察事物，才能够在常人不以为然的现象中发现闪光点。

二 逆向思维

逆向思维是人们重要的一种思维方式，也叫求异思维。它是对司空见惯或似乎已成定论的事物或观点反过来思考的一种思维方式。敢于“反其道而思之”，让思维向对立面的方向发展，从问题的反面深入地进行探索，树立新思想，创立新形象。当大家都朝着一个固定的思维方向思考问题时，而你却独自朝相反的方向思索，这样的思维方式就叫逆向思维。

人们习惯于沿着事物发展的正方向去思考问题并寻求解决办法。其实，对于某些问题，尤其是一些特殊问题，从结论往回推，倒过来思考，从求解回到已知条件，反过去想或许会使问题简单化，使解决它变得轻而易举，甚至因此而有所发现，创造出奇迹来。这就是逆向思维和它的魅力（图3–8、图3–9）。

图3-8 利用不同材料堆砌达到的造型效果

图3-9 简约图案与部位复杂造型的对比达到的服装效果

1 逆向思维的概念

逆向思维法是突破思维定式，不采用人们通常思考问题的思路，而从相反的方向去思考问题，解决问题的方法。逆向思维是一种反方向的、对性质相反或外形有鲜明对比的事物表象进行的联想。

逆向联想思维实质上是打破了直线联想思维的一般规律，其思路不是直线，也不是曲线，而是反其道而行之。它表现在设计上，往往采取和正常思维相悖的方式，从各个角度、各个方向进行思维，进行否定、夸张，再将这些不够完整的设计，进行深入完善、补充和调整，使之新颖别致。具体可以先设定一个基本原形，然后从逆向的角度去否定、夸张。从逆向的角度可以轻松筛选，选择形式感最好的，再进行深入设计。

逆向思维的训练目的是在创作过程中，当看到、听到、想到或接触到某个事物的时候，为了让思路打破常规、标新立异、与众不同，有意识地摒弃常规和常理，让自己的思路逆方向运行，达到出其不意、使人过目难忘的效果。

一个优秀的设计师就是魔术师，要有点石成金、化腐朽为神奇的本领，设计思维创意课程就是通过对艺术想象和艺术处理能力的发掘，将日常生活中司空见惯的东西变为深刻的、不同凡响的、让人们过目难忘的设计作品（图3-10、图3-11）。

图3-10 打破常规西装的设计方式，利用不同材料的对比进行设计

图3-11 运用透叠的形式进行设计的服装，更加个性化和前卫化

可见，在设计中从相反的角度去思考，是拓展设计思维的一种极好的方法。逆向思维就是在相反或对立的位置上看待事物，寻求异化和突变结果的设计方法。逆向思维是一种颠覆常规的设计方法。可以从题材上、风格上、形态上进行逆向创意。但是，使用逆向法不可生搬硬套，要协调好各个设计要素，否则就会使设计显得生硬牵强。图3-12为阿玛尼09年的设计作品，打破了服装的常规造型模式，具有新颖的形式。

2 逆向思维的特征

（1）普遍性

逆向性思维在各种领域、各种活动中都有适用性，由于对立统一规律是普遍适用的，而对立统一的形式又是多种多样的，有一种对立统一的形式，相应地就有一种逆向思维的角度。所以，逆向思维也有无限多的形式。如性质上对立两极的转换：软与硬、高与低等；结构、位置上的互换、颠倒：上与下、左与右等；过程上的逆转。不论哪种方式，只要从一个方面想到与之对立的另一方面，都是逆向思维。

（2）批判性

逆向是与正向比较而言的，正向是指常规的、常识的、公认的或习惯的想法与做法。逆向思维则恰恰相反，是对传统、惯例、常识的反叛，对常规的挑战。它能够克服思维定式，破除由经验和习惯造成的僵化的认识模式（图3-13）。

图3-12 打破了服装的常规造型模式，利用不同材料以及工艺手法的不同处理进行设计的服装

图3-13 对袖、裙摆做的夸张造型设计

（3）新颖性

循规蹈矩的思维和按传统方式解决问题虽然简单，但容易思路僵化、刻板，摆脱不掉习惯的束缚，得到的往往是一些司空见惯的答案。其实，任何事物都具有多重属性。由于受过去经验的影响，人们容易看到熟悉的一面，而对另一面却视而不见。逆向思维能克服这一障碍，出人意料，给人以耳目一新的感觉。

三 发散思维（交叉性联想思维）

1 发散思维的概念

发散思维，心理学界也称为交叉性联想思维，是把性质、外形、质感、功能完全不同，甚至完全相反，完全没有任何联系的不同元素、不同客体、不同事物综合起来进行联想。图3-14、图3-15正是利用完全没有联系的两种元素所进行的设计。

发散思维又称“辐射思维”“放射思维”、“多向思维”“扩散思维”或“求异思维”，它是从一个目标出发，沿着各种不同的途径去思考，探求多种答案的思维，与聚合思维相对。不少心理学家认为，发散思维是创造性思维的最主要的特点，是测定创造力的主要标志之一。

发散思维是极具创造性的一种思维方式，它打破了具象和抽象之间的束缚，超越了时间和空间的概念，冲破了各种材料的限制，调动了一切必要的手段来服从设计的需要。不论通过什么样的表达方式，其目的只有一个，就是要将自己的激情、灵感直接表现出来。

发散思维是大脑在思维时呈现出一种扩散状态的思维模式，比较常见，表现为思维视野广阔，思维呈现出多维发散状。可以通过从不同方面思考同一问题，如“一题多解”、“一事多写”、“一物多用”等方式，培养发散思维能力。

图3-14 发散思维——运用皮革和纱质材料做的礼服设计

图3-15 发散思维——运用皮革和纱质材料做的礼服设计

2 发散思维的特征

（1）流畅性

流畅性意为观念的自由发挥，指在尽可能短的时间内生成并表达出尽可能多的思维观念以及较快地适应、消化新的思想观念。流畅性反映的是发散思维的速度和数量特征。

（2）变通性

变通性就是克服人们头脑中某种自己设置的僵化的思维框架，按照某一新的方向来思索问题的过程。变通性需要借助横向类比、跨域转化、触类旁通，使发散思维沿着不同的方面和方向扩散，表现出极其丰富的多样性和多面性。

（3）独特性

独特性指人们在发散思维中做出不同寻常的异于他人的新奇反应的能力。独特性是发散思维的最高目标。

（4）多感官性

发散性思维不仅运用视觉思维和听觉思维，而且也充分利用其他感官接收信息并进行加工。发散思维还与情感有密切关系。如果思维者能够想办法激发兴趣，产生激情，把信息情绪化，赋予信息以感情色彩，会提高发散思维的速度与效果。

当我们说起艺术时，都会有一个共同认识，那就是艺术家要有丰富的想象力，他们对生活要有敏锐的观察力，能用他们独特的语言符号表现自己对生活的感受。而作为设计艺术，很多人认为设计师们也必然像其他诸如画家、雕塑家、音乐家一样，有着丰富的感性思维，而且也应该运用他们的这种思维方式去工作。但是我们知道，设计和其他的纯艺术门类不同，设计师不能像一个画家一样，凭着自己对生活、人生、色彩和形式的感性认识和理解率性而为。一个设计师在设计一个产品造型、一套食品包装、一件时装、一栋房子时不能只凭借着自己的一种思维形式，只有更多地利用不同的思维形式，才能更好地运用设计元素，设计出好的作品。

品牌名称

Valentino（华伦天奴）

品牌档案

(1) 创始人：瓦伦蒂诺·加拉瓦尼(Valentino Garavani)

(2) 发源地：意大利

(3) 产品线：高级女装、男装、配饰、箱包皮具、珠宝手表、眼镜、女士香水、男士香水等

品牌故事

无论何时何地，说起Valentino，人们都会感受到这个名字所具有的罗马贵族气。

Valentino始终是奢华、优雅的曼妙化身，洋溢着梦幻般的视觉隐喻，它代表的是一种宫廷式的奢华，高调之中却隐藏深邃的冷静。

华伦天奴是时装史上公认的最重要的设计师和革新者之一。从1962年在皮济广场上令人难忘的首次时尚秀，到2000年获得由美国时尚设计师委员会颁发的终生成就奖，华伦天奴的创作和企业家生涯成为意大利时尚界的重要部分。他的名字代表着想象和典雅、现代性和永恒之美，荣誉也印证着他奋斗的历史。1965年Valentino被《Women' s Wear Daily》誉为“罗马最富明星色彩的设计师”，其后他在1967年又荣获“时尚界的奥斯卡奖”——Neiman Marcus Award。

Valentino许多标志性的设计在服装界有着重大意义，标准色Simple Red的采用，以浓烈而华贵的霸气震慑人心；那极其优雅的V型剪裁时装,更是让人折服在这种纯粹和完美的创意之中。Valentino Garavani的传奇被公认为“意大利制造”的标记，他的品牌战略和创意一度推动全球时尚界达到新的水平，显示出了胜人一筹的帝将雄风。

思考与练习

1．通过收集资料、查阅书籍或杂志，找出几种不同的设计理念进行服装设计。（要求：8K纸张，用线稿形式表现）

2．结合服装设计理念，运用两种以上设计方法完成服装设计的表现。（要求：4K纸张，用彩色效果图表现设计构思）

第4章

成衣设计

【知识目标】成衣设计的元素、成衣产品的风格、成衣设计流程、成衣产品开发。

【能力目标】掌握成衣设计的基本要素，能够利用造型元素、形态元素、材料元素等进行各种风格的设计，能根据市场动态和流行趋势设计和创作新作品，并能独立按企业规范进行项目设计和策划完整的设计方案。

成衣是近代在服装工业中出现的一个专业概念，它是指服装企业按标准号型批量生产的成品服装，一般在裁缝店里定做的服装和专门用于表演的服装等不属于成衣范畴。一般商场、成衣商店内出售的服装都是成衣。

第一节 成衣设计的元素及分级

一 成衣设计的元素

设计元素借用化学元素的概念，指构成整体风格的最基本的单位。 设计元素可分为如下几类：

（1）造型元素

造型元素包括服装的廓型和各个局部的造型。服装廓型的基本类别是以英文字母形态来命名的，最基本的有五种，即H型、A型、Y型、X型、O型（图4-1至图4-5）。几乎所有的服装轮廓都可以用字母形态来描述。成衣外形设计的主要决定因素是各关键部位的尺寸，具体可细分为肩部、胸部、腰部、臀部和下摆。

（2）色彩元素

色彩元素包括色彩的色相、纯度、明度。人们对色彩高度敏感，色彩是影响服装整体视觉效果的主要因素，也是服装设计中最重要的构成要素。

图4-1 A型

图4-2 H型

图4-3 Y型

图4-4 X型

图4-5 O型

（3）面料元素

面料元素包括面料的成分、外观、手感、质地、厚薄等。面料是体现服装设计的基本要素，无论款式简单或复杂，都需要用面料来体现，不同的面料会体现出不同的服装风格。

（4）辅料元素

辅料元素包括辅料的种类、材质、形式、外观、手感等。辅料虽然是从属于服装的饰物或零件，但对其进行刻意的设计往往会收到意想不到的效果。

（5）结构元素

结构元素包括结构的属性、规格、处理等。结构指的是服装中的分割线，有应用结构和装饰结构之分。

（6）工艺元素

工艺元素包括缝纫方法、熨烫方法、锁扣方法等。现代的成衣工艺已经融入了设计要素，也就是把工艺变为设计的一部分，以加强对产品本身内涵的表现。

（7）图案元素

图案元素包括图案的属性、题材、风格、套色、形式等。图案根据其风格特征可分为中国风格服饰图案、西洋风格服饰图案、民族民俗风格服饰图案（图4-6至图4-8）。

（8）部件元素

部件元素包括零部件的种类、造型、色彩等。服装的零部件包括领子、袖子、门襟、口袋、腰头等（图4-9、图4-10）。

（9）装饰元素

装饰元素包括装饰的属性、材质、造型、色彩等。

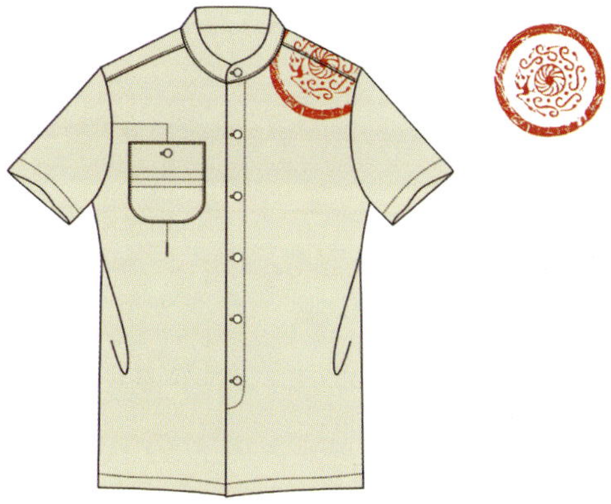

图4-6 中国风格服饰图案

图4-7 西洋风格服饰图案

图4-8 民族民俗风格服饰图案

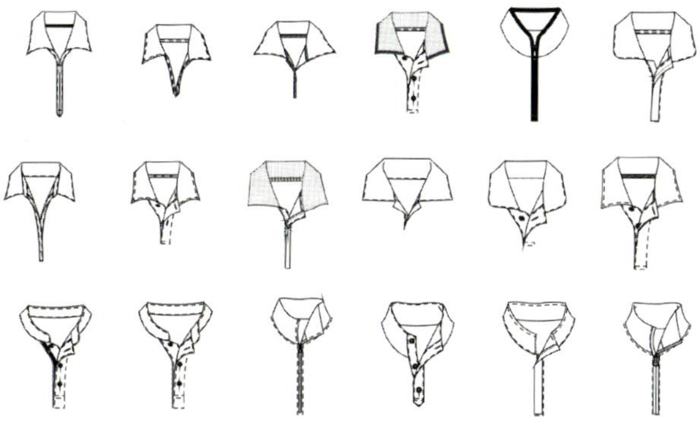

图4-9 领型设计

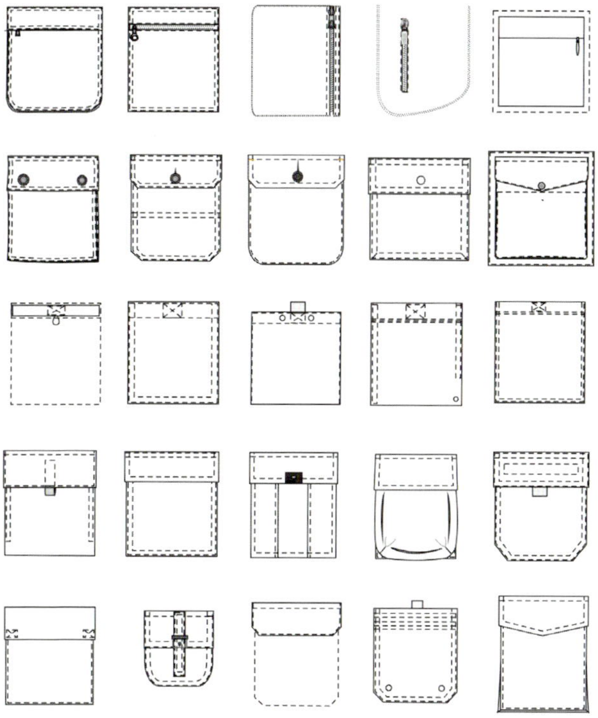

图4-10 口袋设计

二 设计元素的分级

设计元素的分类仅仅是对千变万化的元素的粗线条划分，若要真正将其运用到设计中去还必须对各类元素进行分级、定性、定量，从而确定非常具体的、明确的、实用的元素。

服装设计元素可以分为一、二、三级。一级元素是指元素的性质，如圆、方、口袋、领子、T型、X型等；二级元素是指元素的形态，如色号、光糙、平皱、松紧、凹凸、软硬等；三级元素是指元素的量态，如大小、号码、多少、长短、面积、数量等。

三 设计元素的应用方法

（1）重复与单纯

重复是指使相同的设计元素在一个产品上出现数次。单纯是指相同的设计元素在一个产品上出现的次数尽可能少，并控制其他不同设计元素的出现。

（2）强调与弱化

强调是指对某些设计元素进行量态的夸张，使其在产品设计元素群中占有突出地位。弱化是指对某些设计元素进行量态上的低调处理，使其在产品的设计元素群中处于从属地位。

（3）完整与割裂

完整是指在产品中保持设计元素造型的完整性。割裂是指对设计元素进行分离，将其中的一部分运用到产品中使其具有抽象、变异、简化的观感。

（4）原形与变化

原形是指利用设计元素的原来状态，不作性质和形态的变化，仅做量的调整，具有稳定、直观的效果。变化是指将设计元素的原来状态进行性质或形态的改变，再进行量态的调整，从而使其具有多变的效果。

品牌名称

Hugo Boss（波士）

品牌档案

(1) 创始人：胡戈·波士

(2) 隶属公司：Hugo Boss

(3) 产品线：服装、箱包、香水、鞋、珠宝配饰

品牌介绍

波士品牌的创始人Hugo Boss（胡戈·波士）1923年在德国注册了“Hugo Boss”这一品牌，开始主要生产工作服装及制服。1948年推出男装和童装系列。60年代开始推出高级成衣系列，当时该品牌的决策者们从自己喜爱的中等价位的皮尔·卡丹（Pierre Cardin）成衣中得到启发，在德国乃至欧洲市场中找到了波士的市场定位。针对白领中产阶级设计生产小批量、高品质、高档次而价格适中的服装并很快获得成功，波士品牌随之走向世界。今天波士的形象与职业白领阶层紧密联系在一起，这大概是20世纪20年代时主要生产工作服的波士在创业之初始料不及的。

Hugo Boss在国际男装市场上占有举足轻重的地位，这一点从其行销全世界80多个国家即可得到证明。不鼓吹设计师风格的Boss，完全以强力放送阳刚味十足的广告形象，传达一种大众化的男性服装风格。这个崛起于20世纪70年代的德国品牌，不论设计或形象都非常男性化，而且是那种不化妆，也不戴多余的首饰，很注重社会认同的男性形象。Boss男装有很完备的系列商品，是许多中高级主管心目中的标准典范。并且，在品质和做工上，Boss都保持着欧洲最大男装生产商的一流水准。

Hugo Boss品牌分为Boss Hugo Boss、Hugo Hugo Boss、Baldessarini Hugo Boss三个品牌营销。Boss Hugo Boss仍是公司的核心品牌，以上班族套装为主；Hugo Hugo Boss则特别为潮流触觉敏锐的男士而设计；Baldessarini Hugo Boss以品位超凡、要求严谨的男士为设计对象。

第二节 成衣产品的风格

成衣产品风格就是产品所表现出来的设计理念和流行趣味。风格的分类标准有很多，不同的划分标准使产品风格所表现出来的含义大不相同。如图4—11所示。

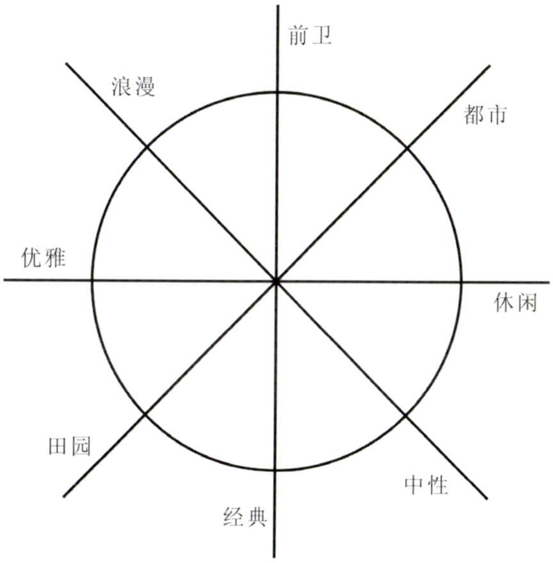

图4-11 成衣产品风格流派图

图4-12 优雅风格女装

图4-13 优雅风格女装

一 优雅风格

优雅风格是具有较强女性特征、兼具时尚感的、较成熟的、外观与品质较华丽的服装风格，讲究细部设计，强调精致，装饰较女性化。

造型元素：较多使用体造型，点、线、面造型的使用不太受限制。点造型以连接和少量点缀为主。线造型多表现为分割线和少量装饰线。使用最多的是面造型。造型柔和、精致、优雅，多表现修长的轮廓线。V形领和背部开口，简洁轻盈的局部设计，如褶裥、蝴蝶结、白色饰边和参差不齐的裙边、无袖、低腰线等，都充分反映了优雅风格对局部完美的追求，以及对多余的附加装饰的扬弃（图4—12、图4—13）。

色彩：一类是柔和的灰色调、优雅而成熟的浅色调，如浅紫、粉橙色、米色、茶色等水彩画般清淡的颜色；另一类是以高雅、沉着的色彩为中心，配色简练、自然，如白色、中灰色系等（图4—14）。

面料特点：以化纤、丝绸、尼龙的缎织物和乔其纱、雪纺纱及蕾丝面料为主流；套装多以精致高档面料为主，如羊绒、驼绒、呢子等。

成衣品牌或服装设计师：Chanel（香奈儿）服装是优雅风格的典型代表（图4—15、图4—16）。

图4-14 柔和的浅、灰、紫色调

图4-15 优雅风格的Chanel时装

图4-16 优雅风格的Chanel时装

二 浪漫风格

浪漫风格是指具有浪漫情调的，以年轻的未婚女子为主流，强调温柔、甜美的整体形象，给人罗曼蒂克、梦幻、浪漫、清纯的服装风格。这种风格摒弃生硬的设计元素，多采用刺绣、抽褶、滚边、蕾丝花边等设计元素。

造型元素：以X廓型为主，采用合体而典雅的紧身造型，强调裙及袖的层次和量感，强调古典风格的局部特征设计，饰以华丽花边和细褶以及蝴蝶结、玫瑰花等装饰，层次线条变化多端（图4—17、图4—18）。

图4-17 浪漫风格女装

图4-18 浪漫风格女装

色彩：一类是以轻柔的浅粉色为主，形成明亮、柔美而优雅的色彩倾向；另一类是以强烈、鲜艳的色彩为重点，形成明亮活泼的配色效果，如图4—19、图4—20所示。

图4-19 轻柔的粉色系

图4-20 明亮的浪漫风格色彩

面料特点：以高雅、精巧的面料为主，如缎、纱及蕾丝等，细部采用柔美精巧的花草纹样和闪光提花织物、手绘、刺绣面料。

成衣品牌或服装设计师：Givenchy（纪梵希）（图4—21、图4—22）。

图4-21 Givenchy女装

图4-22 Givenchy女装

三 经典风格

经典风格端庄大方，具有传统服装的特点，是相对较成熟、能被大多数女性接受、讲究穿着品质的服装风格。经典风格比较保守，不太受流行趋势所左右，追求严谨和高雅、文静和含蓄，是以高度和谐为主要特征的一种服饰风格。

造型元素：经典风格多使用线造型和面造型。廓型多为X型、Y型、A型，强调女性苗条的腰肢、富有魅力的肩线、夸张的臀以下的量感、大胆的低领设计等（图4–23、图4–24）。

色彩：以藏蓝、酒红、墨绿、宝石蓝、紫色等沉静高雅的古典色为主。

面料特点：多选用传统的精纺面料，以彩色单色面料和传统的条纹和格子面料居多。

成衣品牌或服装设计师：Giorgio Armani（阿玛尼）、Valentino（华伦天奴）等（图4–25至图4–27）。

图4-24 经典风格女装

图4-23 经典风格女装

图4-25 Giorgio Armani 女装

图4-26 Giorgio Armani 女装

图4-27 Valentino 女装

四 中性风格

中性风格的服装是指男女皆可穿的服装，如普通T恤、一般的运动装、夹克衫都属于比较中性的服装。女性的中性风格是指弱化女性特征、部分借鉴男装设计元素、有一定时尚度、较有品位而稳重的服装风格。

造型元素：多以线造型和面造型为主，且面造型大都对称规整，线造型以直线和斜线居多，而且大都表现为分割线的形式。整体造型以直身形、筒形居多（图4-28、图4-29）。

图4-28 中性风格服装

图4-29 中性风格服装

色彩：明度较低，灰色用得较多，较少使用鲜艳的色彩，多采用正统、沉稳、自然的色彩系列。

面料特点：以男性都市服装面料为主体，如人字呢、细条或小方格精纺天然织物，几乎不使用女性味太浓的面料。

成衣品牌或服装设计师：伊夫·圣·洛朗（Yves Saint Laurent）（图4—30、图4—31）。

图4-30 中性的Yves Saint Laurent 女装

图4-31 中性的Yves Saint Laurent 女装

五 前卫风格

前卫风格与经典风格是两种相对立的服装风格。前卫风格受波普艺术、抽象派艺术等影响，造型特征以怪异为主线，富于幻想，运用具有超前流行的设计元素，线形变化很大，强调对比因素，局部造型夸张，零部件形状和位置较少见，常用夸张、卡通的手法处理服装形、色、质的关系。

造型元素：前卫风格可同时使用点、线、面、体四种元素，只是在造型元素的排列上不太规整。体造型是前卫风格中经常使用的元素，尤其是局部造型夸张时多用体造型表现，如立体袋、膨胀袖等（图4—32、图4—33）。

图4-32 前卫风格女装

图4-33 前卫风格女装

色彩：具有高彩度、荧光色等刺激、丰富的色彩倾向；或者以黑色为主色，用银色或铜、铁之类的金属色作为点缀色。

面料特点：多使用奇特新颖、时髦刺激的面料，如各种真皮、仿皮、牛仔、上光涂层面料等，而且不太受色彩的限制。

成衣品牌或服装设计师：Vivienne Westwood（维维安·韦斯特伍德）、Alexander McQueen（亚历山大·麦克奎恩）（图4—34至图4—37）。

图4-34 Vivienne Westwood的作品

图4-35 Vivienne Westwood的作品

图4-36 Alexander McQueen的作品

图4-37 Alexander McQueen的作品

六 休闲风格

休闲风格以追求穿着与视觉上的轻松、随意、舒适为主，年龄跨度较大，适合多个阶层日常穿着，具有很强的季节性，注重面料的机能性和舒适性。

造型元素：休闲风格在造型元素的使用上没有太明显的倾向性。点造型和线造型的表现形式较多。休闲装领形多变，连帽形领子使用很多。衣身以直身居多，较宽松，分割线多变。下摆经常使用尼龙搭扣、商标、罗纹、抽绳等，较多运用缉线装饰（图4—38、图4—39）。

色彩：色彩单纯、明朗，具有流行性，以白色、中性寒色系为主要色，金属色和荧光色是强化点缀的色彩。

面料特点：多为天然面料，如棉、麻等，经常强调面料的肌理效果或对面料进行涂层亚光处理。

成衣品牌或服装设计师：CK（Calvin Klein）、DKNY（Donna Karan New York）（图4—40至图4—43）。

图4-38 休闲风格服装

图4-39 休闲风格服装

图4-40 CK休闲装

图4-41 CK休闲装

图4-42 DNKY休闲装

图4-43 DKNY休闲装

七 运动风格

运动风格是指借用运动元素，充满活力、穿着面较广的、具有都市气息的服装风格，较多运用块面分割与条状分割及拉链、商标等装饰。

造型元素：运动风格的服装多使用面造型和线造型，而且多为对称造型，线造型以弧线和直线居多。面造型多使用拼接形式且相对规整（图4—44、图4—45）。

色彩：色彩鲜明，白色及各种不同明度的红色、黄色、蓝色等在运动服装中经常出现。

面料特点：多使用棉、针织或棉与针织进行组合搭配。

图4-44 运动风格服装

图4-45 运动风格服装

成衣品牌或服装设计师：NIKE、Y—3（图4—46至图4—49）。

图4-46 NIKE运动装

图4-47 NIKE运动装

图4-48 Y-3运动装

图4-49 Y-3运动装

八 民族风格

民族风格是汲取中西方民族、民俗服饰元素，具有仿古气息的服装风格，给人以原始、自然、田园、朴素的总体印象，具有民族味和手工味，设计上注重层次搭配、穿着方式以及色彩的变化组合。

造型元素：衣身宽松悬垂，多层重叠，经常采用左右不对称，较少使用分割线。多采用中式立领，抽褶领、方领等。袖型使用各种各样的喇叭袖、灯笼袖，使用工艺如缺口、开衩、绣花、镶边等；门襟为对襟或斜襟。

色彩：深沉而丰富的高彩度配色，如橘黄、土黄、紫罗兰、玫瑰红和蓝色系等，配以金黄、宝石绿、群青蓝等；基本色调自然朴素。

面料特点：多使用具有东方情调、光泽华丽的缎、罗缎、提花绸、波纹绸等，以棉、麻等天然纤维为主。

成衣品牌或服装设计师：KENZO（高田贤三）、ANNA SUI（安娜·苏）（图4-50至图4-53）。

图4-50 KENZO作品

图4-51 KENZO作品

图4-52 ANNA SUI作品

图4-53 ANNA SUI作品

品牌名称

Balenciaga（巴黎世家）

品牌档案

（1）国家：西班牙

（2）创建年代：1937年

（3）产品线：香水、套装西服、单西服、衬衫、职业装、休闲皮鞋、正装皮鞋等

品牌介绍

Balenciaga(巴黎世家)的创始人Cristobal Balenciaga（克里斯托里·巴伦西亚）于1937年在巴黎开设高级女装公司。“巴黎世家”的款式典雅而时尚，具有法式的高雅气息。“巴黎世家”服装一向精于裁剪和缝制。斜裁是其拿手好戏，以此起彼伏的流动线条强调人体的特定性感部位。结构上总是保持在服装宽度与合体之间，穿着舒适，身材也显得更漂亮。“巴黎世家”的时装被喻为革命性的潮流指导，很多名流贵族都指定穿着这一品牌的时装。这些忠实客户包括西班牙王后、比利时王后、温莎公爵夫人、摩洛哥王后等，她们都是当年曾被世界各大时装杂志评选为最佳衣着的名人。

第三节 成衣设计的内容与流程

成衣设计包括两个方面：一是构思和表现；二是制作和穿着。其中构思和表现是设计师独立完成的；制作和穿着是由设计师自己或别人协助完成的，其中包括选料、裁剪、缝制及穿着效果的修正。

一 成衣设计的内容

1 设计构思

进行设计构思有三种方法：从整体到局部；从局部到整体；借鉴他人的作品进行创新。

2 设计构思的过程

（1）把事物的状态和特征推到极限，按大—小、长—短、粗—细、厚—薄、胖—瘦、硬—软、宽—窄等方式进行想象。

（2）将事物的状态和特征按重叠、组合、变换、移动、分解等方式想象，把事物放在与正相反的位置进行思考。如上—下、左—右、男用—女用、高档—低档、表面—里面、前面—后面等。

（3）把某事物进行变更，如变换材质、变换加工方法、变换局部、变换顺序等。

（4）设计出一种款式后，即顺着这个思路一直想下去，把所有的可能性尽量都罗列出来，然后进行比较、选择和淘汰，这也是形成系列设计的一种好方法。

3 设计表现

完整的设计稿必须包含以下几个方面的内容。

（1）设计效果图：效果图就是通过绘画技法，将设计的服装在人体上穿着的效果表现出来，是对服装设计产品的形、色、质等较为具体的表现。

（2）产品设计图：也叫设计结构图，包括服装正、背面款式图，首先要能准确表达服装款式的造型特点，其中包括外形及局部造型的比例（图4—54、图4—55）。

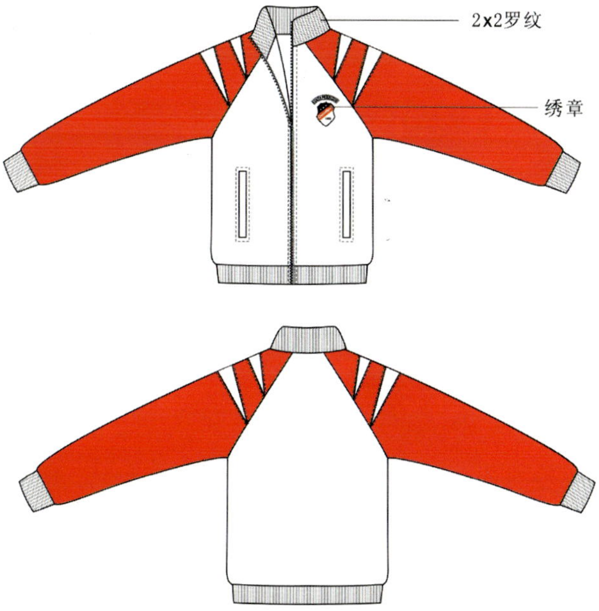

图4-54 运动装产品设计图

图4-55 休闲装产品设计图

（3）细部表现：产品设计图的重要内容还包括表现服装的细部工艺，如折边、抽褶、省道、结构线、拷边、缉明线等（图4—56）。

（4）文字说明：即对服装款式细节的文字说明或者特殊工艺、面料的说明（图4—56）。

二 成衣产品设计流程

成衣设计一般包括以下几个步骤。

（1）准备阶段：搜集流行趋势、市场、消费者信息。

（2）构思阶段：根据信息进行研究分析，多做联想，努力寻求思维创意的线索。

（3）表现阶段：描绘和表现所构想的服装形象，即把头脑中虚拟的服装转化为具体的服装。有手绘效果图、手绘款式图，电脑绘制款式图等表现方式。

（4）制作阶段：修改与完善的阶段，即制版、裁剪、工艺选择的过程。

（5）整理阶段：成衣制作完成后，观察成衣的穿着效果，包括调整饰品与成衣的搭配。

成衣设计师工作的一般流程为：收集流行信息材料→产品策划→绘制设计初稿→定稿、制工艺单→制版→样衣制作→试衣、修版→定稿、下批量生产单。

图4-56 产品设计图的细部表现与服装的工艺细节说明

品牌名称

Louis Vuitton（路易·威登）

品牌介绍

（1）创始人：Louis Vuitton（路易·威登）

（2）注册地：法国巴黎

（3）品牌线：Louis Vuitton（路易·威登）

（4）品类：皮件、皮箱、旅行用品、男装 女装、丝巾、笔、手表

品牌人物

Marc Jacobs(马克·雅各布斯)，这位有“坏孩子”之称的美国服装设计师，作为Louis Vuitton品牌的设计师一贯我行我素：长发、纹身，一幅摇滚的打扮，在行为上也是如出一辙：拒绝cfda奖，在正式场合还是不加梳理的头发，脚上穿着网球鞋的模样。但这一切并不妨碍他赢得“纽约金童”的赞誉。

风格综述

LV皮件除了无可挑剔的完美做工，还有一个让人爱不释手的地方，即它皮面上精致耐看的图案。

① Monogram帆布：LV图案的第一代。从1896年开始，它一直是LV皮件的象征符号，至今不衰。

② Daimer双色的格子帆布：棋盘间纹开始于1888年，并于1996年以细腻优雅的棕黄色调重新推出。

③ Epi压纹：一共有黑、棕、绿、黄、蓝、红、橘七种颜色，现代的单色流水皮纹仅在皮件的右下角压印一个LV标志。

④ Opera皮纹：在光面与压纹之间制造强烈的对比，仅有黑红两色的opera，是LV唯一只针对女性、非常女性化的设计。

⑤ Taiga真皮：除了有Taiga的森林绿，还有新系列Acajou的深棕带紫红，其中更有软硬皮之分。

⑥ Monogramvernis：是用传统Monogram图案作基础，将真皮材质压上时髦的塑胶亮面，颜色方面更采用了年轻活泼的水蓝色及牛奶糖色，象征LV的活力。

第四节 成衣产品的开发

一 市场调研

产品策划是指产品开发部门通过对市场的调研，确定产品的市场定位，包括产品的风格、消费群、价位等。

（1）认识消费市场

成衣设计的构思必须建立在市场消费需求上，所以设计成衣首先要了解成衣市场，对市场进行调研、分析，客观、准确地了解市场的需求。市场资讯可以从专业机构或媒体的报道获得，也可以通过市场调查的途径获取。

例如：①在闹市中观测。在人口相对集中的地段定点观察流动人群，现场观察人们对款式、面料、色彩、图案、饰品等的选择情况。②在成衣卖场调查。选择与自己设计定位接近或相同的成衣专卖店和商场进行服装调研，了解相关品牌成衣的特点，以及消费群体的消费倾向、消费喜好等相关信息。

（2）在市场调研的基础上根据消费者的购买行为进行服装设计

在产品开发时，应考虑款式的系列性、可搭配性及关联产品的配套设计。

（3）根据市场信息把握影响消费群购买行为的因素

①心理因素：通过市场调研了解消费者的购买心理。

②经济因素：根据市场调研划分消费群体。消费者的购买行为主要是由其经济收入决定的，根据自身品牌的服务人群的收入和购买的心理需求确定产品的价位。

③社会文化因素：因地域和文化背景不同的消费者有着不同的购买行为。

二 产品策划

1 产品定位

成衣产品定位就是要确定产品在市场中的位置，即确定产品的日标消费群，以及成衣产品的风格、类别、价格等。

（1）消费群定位

服装定位是男装、女装或是童装；年龄段是青少年还是中老年，是15～25岁还是25～35岁的人群等。

（2）服装风格定位

了解流行元素，确定服装的类型和风格，如休闲装、运动装、职业装、时装等。

（3）价格定位

价格定位是服装品质的决定因素。

2 分季开发

成衣的产品开发通常分为春夏季和秋冬季。首先要确定本季产品开发的风格主题、定位，从而确定服装色彩、面料、装饰和配饰、搭配、产品系列组合等。

案例：某服装公司2009年秋冬女装产品开发主题（图4—57至图4—62）

品牌特色：从矛盾到柔和，从冲击到融合，以生活淡化走向高贵和韵味，体现女性的柔中美。

图4-57 确定品牌风格主题及面料趋势、秋冬季服装色彩

图4-58 八月服装产品开发计划（款式特点及主流色彩）

第一主题：建筑

都市的角落蕴含着无数的好奇，充满着颓废和凄凉。于是我们不安现状，去追求那种被遗忘的建筑，以此作为设计灵感的主题。

图4-59 八月服装产品开发主题、色彩及灵感来源

第二主题：螺旋

世界充满了神奇和幻想，以电影《功夫》当中的小片断为灵感，来诠释时尚世界的微妙。

图4-60 九月服装产品开发主题、色彩及灵感来源

第三主题：网

以网络背景为题材，幻想现代都市，我们无一不是生活在网络中，想摆脱却愈陷愈深。面料特征为：大量地运用条格面料，演绎现代都市风格。

图4-61 十月服装产品开发主题、面料特征及灵感来源

第四主题：沉默

现代都市生活的压力，迫使我们工作在灰色的空间里，即时放下工作，以人的自我意识为设计题材。色彩特征为：应用灰色调，诠释冬季女人。

图4-62 十一月服装产品开发主题、色彩特征及灵感来源

3 产品品类的确定

产品品类是指企业成衣的种类和单件产品的结构，是将要进行细化设计的目标。应对款型的数量、价格、色号比例、推出时间、号型规格以及搭配方式等多个方面作出界定。

案例：某品牌秋冬季产品开发计划表（系列产品及饰品搭配）（图4-63至图4-66）

秋季开发清单 共22款

S1 ENTER

品类	数量	颜色	面料	细节设计	基本款式
长袖衫 梭织	3		单色面料	缉明线装饰、泡泡袖 抽袖褶、荷叶边	
长袖衫 机织	4		净色棉（撞色）	抽褶、蕾丝花边	
外套 梭织	4		平绒布 格子面料	缉明线装饰、抽褶、分割	
半裙	3		牛仔面料 格子面料 条纹面料	打铆钉装饰、分割、绣花	
7-9分裤	3		牛仔面料 格子面料 条纹面料	打铆钉装饰、分割、翻边、系带	
长裤	5		牛仔面料 格子面料 条纹面料	缉明线装饰、贴袋、分割、打铆钉装饰、绣花	

图4-63 秋季产品开发计划表

冬季开发清单 共18款

SI ENTER

品类	数量	颜色	面料	细节设计	基本款式
外套 针织	8		平绒布 格子面料	缉明线装饰、抽褶、分割	
外套 大衣 梭织	6		羊毛呢 格子面料	缉明线装饰、抽褶、分割	
长裤	4		牛仔面料 格子面料 条纹面料	缉明线装饰、贴袋、分割、打铆钉装饰、绣花	

图4-64 冬季产品开发计划表

图4-65 秋冬季系列产品开发款式图

图4-66 秋冬季产品饰品搭配

三 定款和制单

（1）设计定款

定款是一个设计、修改、定稿的过程。设计师绘制出设计初稿，交由总监审稿，探讨款式设计、风格、面料、成本、预期的市场反应等，达到设计要求后，由总监定款，交由设计师绘制样板通知单。

（2）样板通知单的绘制

为保证制作出的服装能充分体现设计者的意图，制单的过程要仔细，款式图要绘制清楚，细节要特别标注或放大，应清晰、明确。充分考虑款式的需要及制作过程的工艺要求。

案例：某服装公司秋冬成衣系列产品样板通知单（图4–67至图4–73）

款式设计图

款式:	款号:	季节:	系列:	日期:	单位: cm

裤子	规格	上衣	规格
腰围		胸围	
臀围		后中长	
裤长		肩宽	
髀围		袖长	
前浪		腰围	
后浪		下摆	
中档		袖肥	
脚口		袖口	
		领宽	
		领高	

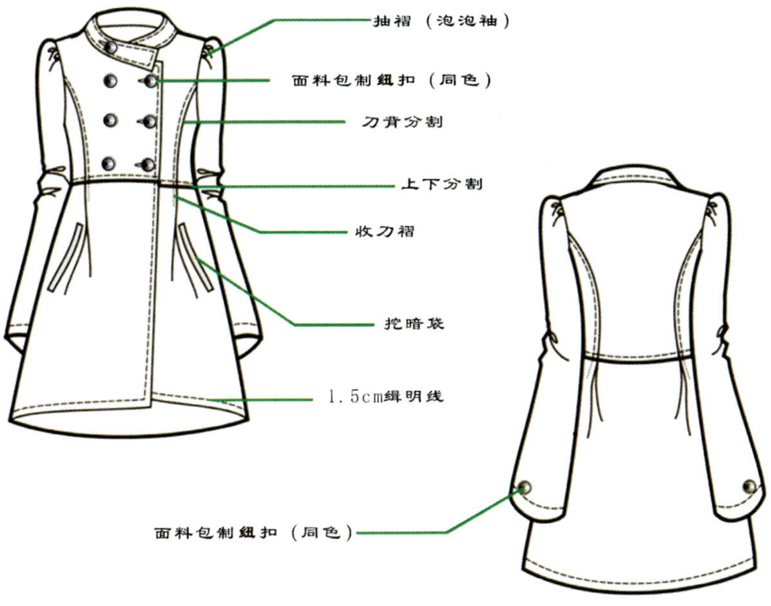

特点介绍:

面料:　　辅料:

说明：
所有未标记的缉明线0.5cm

款式设计:　制版:　技术主管:　审批:

图4-67 秋冬成衣系列产品样板通知单一

款式设计图

款式:	款号:	季节:	系列:	日期:	单位: cm

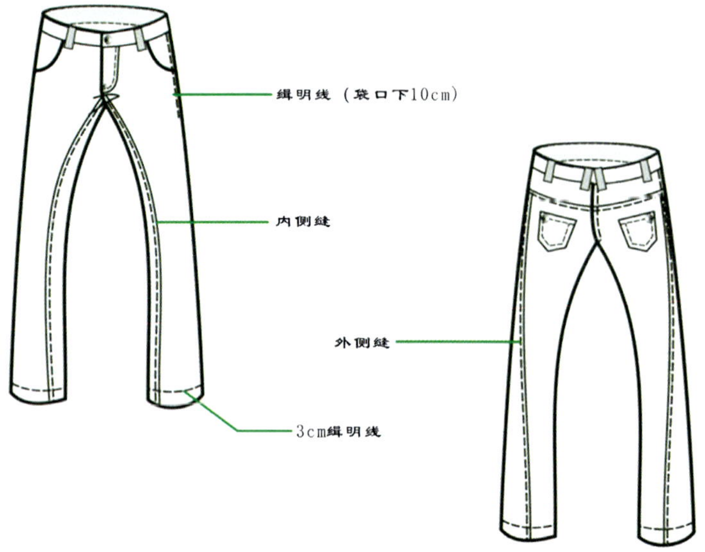

裤子	规格	上衣	规格
腰围		胸围	
臀围		后中长	
裤长		肩宽	
髀围		袖长	
前浪		腰围	
后浪		下摆	
中档		袖肥	
脚口		袖口	
		领宽	
		领高	

特点介绍:

面料: 辅料:

说明：
所有未标记的缉明线为0.5cm

款式设计: 制版: 技术主管: 审批:

图4-68 秋冬成衣系列产品样板通知单二

款式设计图

款式:	款号:	季节:	系列:	日期:	单位: cm

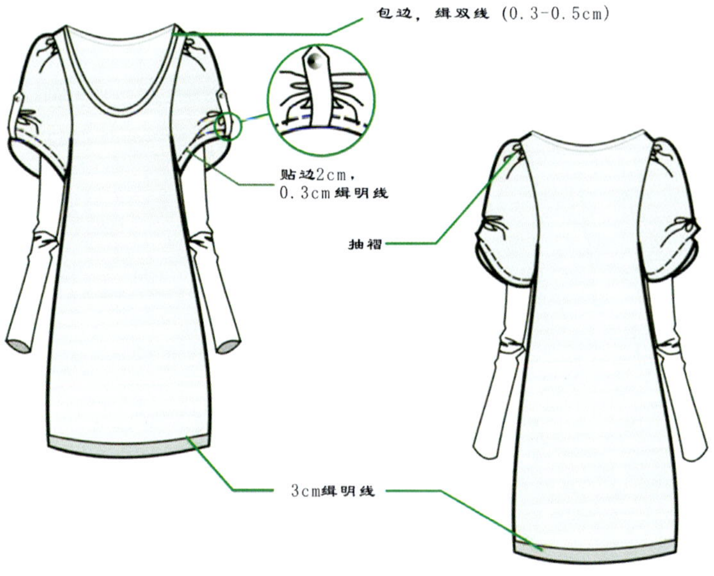

裤子	规格	上衣	规格
腰围		胸围	
臀围		后中长	
裤长		肩宽	
髀围		袖长	
前浪		腰围	
后浪		下摆	
中档		袖肥	
脚口		袖口	
		领宽	
		领高	

特点介绍:

面料: 辅料:

说明：
所有未标记的缉明线为0.5cm

款式设计: 制版: 技术主管: 审批:

图4-69 秋冬成衣系列产品样板通知单三

款式设计图

款式:	款号:	季节:	系列:	日期:	单位:cm

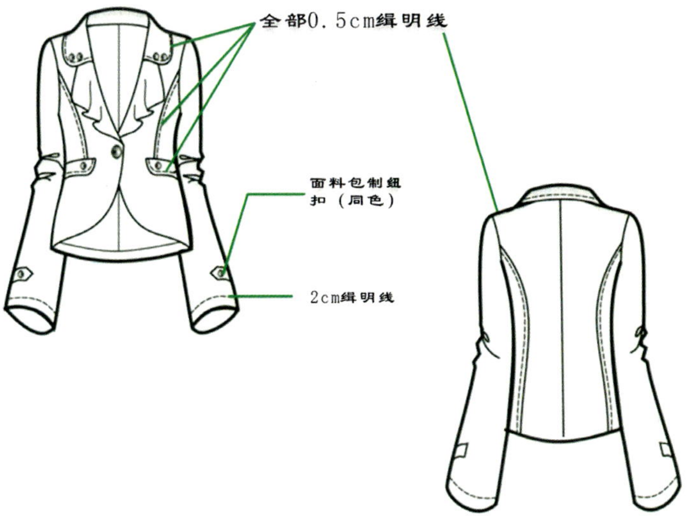

裤子	规格	上衣	规格
腰围		胸围	
臀围		后中长	
裤长		肩宽	
髀围		袖长	
前浪		腰围	
后浪		下摆	
中档		袖肥	
脚口		袖口	
		领宽	
		领高	

特点介绍:

面料: 辅料:

说明：
所有未标记的缉明线为0.5cm

款式设计:	制版:	技术主管:	审批:

图4-70 秋冬成衣系列产品样板通知单四

款式设计图

款式:	款号:	季节:	系列:	日期:	单位:cm

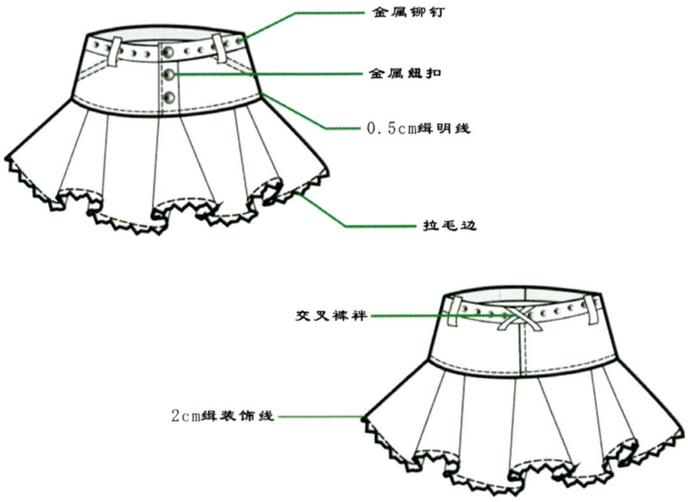

裤子	规格	上衣	规格
腰围		胸围	
臀围		后中长	
裤长		肩宽	
髀围		袖长	
前浪		腰围	
后浪		下摆	
中档		袖肥	
脚口		袖口	
		领宽	
		领高	

特点介绍:

面料: 辅料:

说明：
所有未标记的缉明线为0.5cm

款式设计:	制版:	技术主管:	审批:

图4-71 秋冬成衣系列产品样板通知单五

款式设计图

款式:	款号:	季节:	系列:	日期:	单位：cm

裤子	规格	上衣	规格
腰围		胸围	
臀围		后中长	
裤长		肩宽	
髀围		袖长	
前浪		腰围	
后浪		下摆	
中档		袖肥	
脚口		袖口	
		领宽	
		领高	

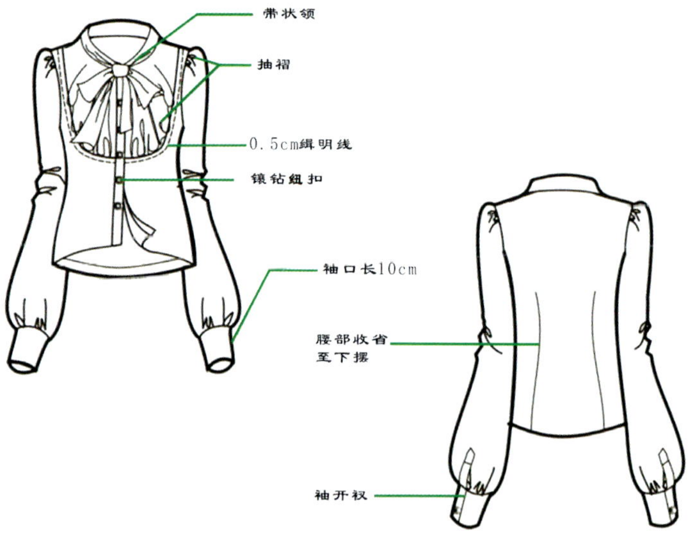

特点介绍:

面料:　　辅料:

说明：
所有未标记的缉明线为0.5cm

款式设计:　　制版:　　技术主管:　　审批:

图4-72 秋冬成衣系列产品样板通知单六

款式设计图

款式:	款号:	季节:	系列:	日期:	单位: cm

裤子	规格	上衣	规格
腰围		胸围	
臀围		后中长	
裤长		肩宽	
髀围		袖长	
前浪		腰围	
后浪		下摆	
中档		袖肥	
脚口		袖口	
		领宽	
		领高	

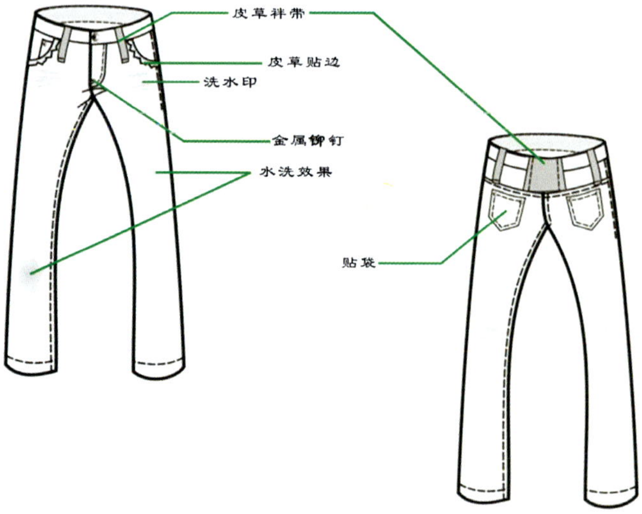

特点介绍:

面料:　　辅料:

说明：
所有未标记的缉明线为0.5cm

款式设计:　　制版:　　技术主管:　　审批:

图4-73 秋冬成衣系列产品样板通知单七

品牌名称

Prada(普拉达)

品牌档案

(1) 创始人：Mario Prada（马里奥 · 普拉达）

(2) 设计师：马里奥 · 普拉达（Mario Prada）和20世纪70年代开始缪西娅 · 普拉达（Miuccia Prada）

(3) 产品线：皮草与时装、皮革与皮件、成衣、针织休闲服装、沙滩装、泳装、珠宝、手表、香水等

设计风格

各元素的组合恰到好处，精细与粗糙，天然与人造，不同质材、肌理的面料统一于自然的色彩中，艺术气质极浓。

品牌介绍

1913年，Mario Prada（马里奥 · 普拉达）在意大利米兰创办了首家精品店，所设计的手袋、旅行箱、化妆品等系（列）产品，得到了来自皇室和上流社会的宠爱与追捧。今天，Prada产品所体现的价值一直被视为日常生活中的非凡享受。所使用的素材及崭新的图腾不仅兼具现代感，同时亦提前一步领导世界潮流，Prada已然成为世界上最大的高级时装品牌集团之一。以制造优质皮具起家的Prada是近十年上位上得最快的时装品牌。由Prada在20世纪80年代推出的降落伞背囊开始，到20世纪90年代诞生的二线系列Miu Miu，再到近期成形的Prada Sport，都一样风靡全球。由于它的产品追求完美，所以无论老少，对此品牌的认知度都不逊于其他任何品牌。

思考与练习

1．设计一组适合本季节穿着的服装。（要求包括设计效果图、正面款式图、细部表现、文字说明，并画出1：5的结构图）

2．通过查阅书籍或杂志分析成衣市场的发展变化，设计不同风格的成衣，每种风格五款。（要求：A4纸张，用线描款式图进行表现）

第5章 时装创意设计

【知识目标】理解时装创意设计的含义与特点；掌握时装创意的作品来源和思维方式；了解时装创意设计的构思过程和构思方法。

【能力目标】通过本章的学习，能够完成整个时装创意构思过程，并在各类设计大赛中能独立完成各种类型的设计。

第一节 时装创意设计的含义与特点

随着审美品位的不断提高，人们在追求时尚的同时，还要求独一无二、与众不同。创意作为服装设计的重要环节，是设计师专业审美及个人能力的体现，对时装的穿着者、观赏者及其所处的社会环境具有巨大的影响。作为消费者，在选购服装的时候，视觉因素能否起到重要作用，关键在于创意设计。

一 时装创意设计的含义

创意是精神与物质的需要，不仅体现在工业、建筑、艺术、音乐上，也体现在生活的各个方面。时装创意设计是基于人们对服装新款式的渴望而产生的。这种渴望促进了时装的不断变化，没有变化就没有时装。在生活中，每个人都希望不同于其他人，所以标新立异在设计创新中显得尤为重要，也只有千变万化才有市场。不断变化和标新立异都是在创造性思维的前提下产生的，那么创造性思维的培养自然成为时装设计的重要课题。

时装创意的内容主要体现在以下几个方面：具体形态的更新与创造；组合形式的变革与创新；色彩的运用与整体搭配的全新观念；服装材料设计与穿着方式的重新理解；服饰审美与衣着品位的理解和创新。在这里，时装创意中的创新包括新形态、新结构、新材料、新色彩、新形式、新造型、新观念、新思路、新设想等。创意的价值是无限的，无论是色彩的搭配、还是款式的变化，或是新型的材料，都将为设计创造无限的商机，引导服装消费，丰富人们的生活，提高人们的审美品位，传递美的信息。

二 时装创意设计的特点

时装创意设计首先强调艺术创新性与前卫性，不注重实用性，一般以模特为对象，以动态或静态的形式来展现服装的魅力与特点。创建服装具有艺术价值与观赏价值，通常不能作为生活着装，但为未来的服装提供了一种选择或流行的方向，推动了服装的发展与变化。另外，通过时装创意，可以不断激发服装设计师的创造潜能，培养创新意识，抒发设计师的情感，展示设计师的才能，引导消费者的审美观念，带动流行趋势。

其次，个性化的服装也越来越为人们所青睐。时装创意设计要立意新颖，想法奇特。这就需要设计师积累丰富的知识，在传统服装的文化基础上，将服装创意设计的构成因素，如廓型、色彩、面料、款式、装饰全部打撒，再进行重组，完成一种别开生面的创造。创意设计体现了设计师的个性及超前的设计理念，注重开拓创新，造型上的夸张与用材极尽所能。时装形象的立体造型和款式细节，与完善的裁剪结构和缝制工艺是密不可分的。

时装创意设计的取材广泛。服装设计师可以从任何事物、物体、空间当中获取灵感（图5-1、图5-2）。无论什么样的创意，最终的对象都是人体，这是服装设计区别于其他设计的关键因素。在时装创意的审美过程中，和谐是重要的一点，这不仅仅包括视觉形象上的和谐，还包括服装各部分的比例、主次、细节部位的处理、整体性与蕴含的内在精神。

图5-1 约翰·加里亚诺作品

图5-2 约翰·加里亚诺作品

品牌名称

谜底

品牌创始人

刘星、丁勇、魏立芳

设计师简介

刘星，中国服装设计师协会会员，早年就读于广州美术学院，曾留学于伦敦服装学院，擅长把看似无关的事物转化成服饰的语言。

风格综述

针对都市中25～35岁之间追求自由和个性的知识女性。谜底——一个用服饰讲述故事的品牌，糅合欧洲宫廷感与军旅元素的女装品牌。以设计师原创风格为主导，采用一级新疆长绒棉精纺而成的纯天然布料，讲究动人细节和修身剪裁，不随波逐流，个性而时尚，充满着对都市知识女性的关爱与对大自然的向往。每一季，“谜底”都会有服饰来为大家讲述一个动人的主题故事，让穿着者仿佛置身其中，与故事中的人物一起感受快乐和悲喜。“谜底”服饰品牌的理念是自然、品位、时尚、追求自由和个性。

第二节 时装作品的创意来源和思维方式

创意是人的一种突发性思维，源自于生活。在所有的艺术类别当中，服装与人的关系最为密切。构成服装设计的基本要素是：造型、色彩、材质。在这三个因素中，造型结构设计创意是服装设计主题的支架，是服装造型的基础。色彩设计创意是影响服装整体视觉效果的主要因素。面料材质设计创意是体现款式设计的基本素材。

一 时装作品的创意来源

设计师在进行时装创意设计时，容易受外界环境诱发从而产生创作灵感，这往往是一种设计天赋的体现。除了天赋以外，对时装相关信息的收集和知识的积累也是十分重要的。灵感来源于对生活的观察和体验，设计师要有一双独特的慧眼、丰富的想象力和组合能力，能从司空见惯、习以为常的事物中发现别人所没有注意的美。灵感瞬间而来，抓住后要迅速地记录下来，再进行补充完善。引发艺术构思灵感的事物包括直接信息和间接信息。直接信息指一切直接与服装发生关联的事物、信息、资料等，如服装图片、服装大师作品、服装大赛等；间接信息指那些看似与服装设计没有关系甚至毫无瓜葛的事物，但是设计师可从中间接获得时装信息来源，如大自然的形态（图5-3）、科学技术、书法、文字、音乐、哲学、绘画、建筑、雕塑、摄影、舞蹈、戏剧（图5-4）、电影、诗歌等。时装的创意来源总体可以归纳为四种：仿生设计（图5-5）、姊妹艺术设计（图5-6、图5-7）、科学技术的启发（图5-8）、借鉴他人经验。

图5-3 大自然形态的创意思维

图5-4 约翰·加里亚诺作品

图5-5 仿生设计

图5-7 姊妹艺术设计

图5-6 姊妹艺术设计

图5-8 科学技术的启发设计

服装设计中的仿生设计是指设计师选择相应的材料和设计手法，来模仿大自然中某种生物的特征，通过艺术处理和创意转换把自然界中获取的灵感大胆地运用于服装的造型、色彩及材料中。如大自然中的花鸟运用于服装的图案或造型上；蜘蛛网通过其他的材质成为服装的一部分；设计大师迪奥所推出的"圆顶屋式样"、"埃菲尔铁塔式外观"是对建筑方面的模仿；伊夫·圣·洛朗所设计的时装有很多都采用了马蒂斯、凡·高等画家的画意，并在设计中运用多种自然色彩；三宅一生的作品喜欢采用新型材料、肌理效应和传统服装元素相结合，他擅长运用自然纤维和各种自然物质的纹理在服装设计中进行大胆突破，创造新的服饰形象（图5-9至图5-11）。

图5-9 三宅一生作品

图5-10 三宅一生作品

图5-11 三宅一生作品

二 时装创意的思维方式

爱因斯坦曾说过："想象力比知识更重要，因为知识是有限的，而想象力概括世界的一切，并且是知识进化的源泉。"

创意与思维密不可分，思维是创意之母，创意是思维的果实。创意思维不同于一般的思维方式，它要求打破常规，从已有的知识上创造新的思维成果。设计者不能随波逐流，在设计时要懂得变通。每一次勇于探索、打破传统形式的革新，在服装史上都具有划时代的意义。因此，创意思维的深度、广度、速度都对创意思维方式起着决定性的作用。服装是艺术与技术相结合的产物，仅仅运用形象思维是不够的，要善于运用多方位的思维方式，不拘泥于一个方向或一种模式，以突破原有的框架和限制，站在新的角度通过直觉、想象思维的方法，对过去与现在、东方和西方、传统与现代、民族与时尚、文化与潮流等方面进行全面思考，不断地创造新主题、新造型、新色彩（图5-12、图5-13）。而多方位思维的思维方式，可以概括为以下几种：发散思维与收敛思维，横向思维与纵向思维。

图5-12 民族与时尚元素的融合设计

图5-13 服装色彩创新设计

发散思维又叫辐散思维、求异思维，是创意思维的基础。这种思维活动，在人们的思维中不受任何限制，设计者可以充分发挥想象力，用推测、想象、假设的思维过程，把获取的材料、知识进行重组，以做到标新立异。收敛思维又叫聚合思维、集中思维，是思维者从已有的信息中搜索，集中指向一个焦点。在时装创意时，如果设计点过多，可以把这些设计点全部分开，再从中搜寻符合要求的设计元素，选择最佳的设计方案。

横向思维是一种同时性的横向比较思维，是从不同侧面去认识、分析事物，探寻各种不同答案，或研究几种事物之间联系的思维过程。例如拉链的产生，最初用于鞋子，后来又用于钱包，美国人把它用在了夹克上，有的设计师专门以拉链来做服装的分割，这也是一种创新。纵向思维是一种以事物的产生、发展为线索的思维过程，是一种历史性的比较思维。通过比较过去、现在，我们能够科学地认识事物发展的客观规律，同时，规律也揭示事物的反复性与复杂性。例如：一款服装在二十年前穿着，我们称之为惊世骇俗，十年前穿着我们说是前卫，五年前穿是赶时髦，现在穿是符合潮流，五十年以后再穿又是复古。在时装创意的思维过程中，要善于从不同方式入手，使作品更具感染力及独特性（图5–14至图5–17）。

图5-14 横向思维设计

图5-15 横向思维设计

图5-16 横向思维设计

图5-17 横向思维设计

品牌名称

Cerruti（切瑞蒂）

品牌档案

(1) 创始人：Nino Cerruti（尼诺·切瑞蒂）

(2) 注册地：法国巴黎（1967年）

(3) 设计师：Nino Cerruti（尼诺·切瑞蒂）

(4) 品类：

① Cerruti 1881（切瑞蒂1881）：男装

② Cerruti（切瑞蒂）：时装、香水

风格综述

“当男人穿上西装时，他应该看起来像那些重要的头面人物”，有意大利时装之父称誉的Nino Cerruti对他的Cerruti 1881品牌男装作的解释或许说明了Cerruti品牌能够名扬四海的缘由。事实上，他早在1957年就推出了男装品牌“hitman”，但1967年诞生于巴黎的Cerruti 1881才是他设计理念的完美体现。对于传统因素的遵循和拓展，奠定了cerruti品牌划时代的地位。Cerruti 1881男装是以流线型的设计风格带给人们前所未有的惊喜；不但款型时刻紧随时尚，剪裁上更是将意大利式的手工传统、英国式的色彩配置和法国式的样式风格完美糅合，融入了经典而又新鲜的品味。除了Cerruti 1881男装之外，同一品牌线的Cerruti时装、香水同样蜚声业界，享誉已久。而瑞士手表系列，可谓这个大家族中极具潜质的名门新贵。它继承了Cerruti一贯清逸典雅的设计，运用高度精确的瑞士制表技术精制而成，含蓄、高雅、矜贵，贯彻着Cerruti张扬品质的传统。此外，还因与水银灯下魅力四射的巨星频结不解之缘，Cerruti 1881这个国际品牌洋溢着好莱坞独有的傲人风采，象征着声誉、财富与个人风格。

第三节 时装创意设计的构思过程和构思方法

一件没有内涵的艺术作品的生命力必然不会长久；同样，一个没有思想底蕴的艺术家即使偶然成功，也必然如流星般转瞬即逝。创意设计的构思，是源于对自然与社会所存有的物象形态的观察、领悟和思考，并经过一定的情感引申与理性推断的初创过程。

一 引发创意构思的过程

引发创意构思的过程可以分为四个时期：准备期、成熟期、灵感期、完善期。

1 准备期

通常又可以称之为收集期，设计者的阅历、感受、经验、文化、见识、地域、环境及个人修养、喜好都会形成设计者的设计风格。设计者的每一次设计，都是将大脑里积存的表象材料进行整理、分类及简化，并从各个侧面进行思考，使设计的主题可以明确化。

2 成熟期

成熟期也就是表象材料的加工期。当设计的作品有了大致的主题目标后，设计者重新面对构思过程中出现的新问题，依序构思。

3 灵感期

不管是建筑、广告招贴、绘画、音乐、舞蹈还是时装设计，只要是创新都离不开灵感（图5–18、图5–19）。由于灵感是一种突发现象，稍纵即逝，所以要懂得把握。如从他人的设计作品和时装秀中寻找可以再次创新的元素；根据自然造型、人的体型特征进行构思；从历史服装、传统服装图案、民间艺术、传统文化中选用适用的部分进行构思；针对特定的形态点、线、面、体、数字、符号等进行构思（图5–20、图5–21）。

图5-18 约翰·加里亚诺作品

图5-19 创新的复古风格

图5-20 传统服装图案的创新构思

图5-21 历史服装创新设计

4 完善期

完善期是从各方面检查创意构思的合理性、完整性的时期。印象派大师莫奈曾对绘画艺术的构成有过一段精辟的论述：“真正的画家并不机械地对某一局部、某一细节刻意加工，而是更多注目于画面自身的完整，注目于画面上斑斑点点之间的组织关系，这种关系与其说取决于物象的启示，不如说取决于画面的需要”，他又说，“整体之美是一切艺术之美的内在构成，细节最终必须服从于整体……”。整体性是一切艺术构思的根本法则，自然也是时装创意构思的基本要求。创意设计并不能随意控制，它源自于生活，基于现实，“长期积累偶然得之”，完成后必须符合构思主体审美意识的视觉平衡。在设计中，应根据美学原理，使服装设计中的面料、色彩、造型、配饰等获得协调的效果（图5—22至图5—25）。

图5-22 约翰·加里亚诺作品

图5-23 Dian Pelangi发布会

图5-24 约翰·加里亚诺作品

图5-25 约翰·加里亚诺作品

二 时装创意设计的构思方法

1 同行异构法

同行异构法指的是在一种服装外型上利用可变的设计要素衍生出多种设计。从这种设计方法上看，首先要善于发现事物中较为有趣或最有特色的地方。其次，对事物进行改造，使之形成新的面貌。如不同面料与同种造型的搭配、同种外形中的不同局部设计、线条的分割等。

2 逆向法

日本设计师川久保玲从各种对立要素里寻求组合的可能性，她说："我的思路和灵感届时不同，我从各个角度来考虑设计，有时从造型，有时从色彩，有时从表现方法和着装方式，有时有意无视原型，有时根据原型，但又故意打破这个原型，总之是反思维的。"川久保玲反复强调，"我的价值在于创造新的服装，我不愿意干以前一样的事情，我总想创造不同于以前的新东西"。

逆向法指的是打破传统的设计思维习惯，进行反方向的思考。这种方法使人站在习惯性思维的反面，从颠倒的角度去看问题。在服装设计领域，通常情况下都是正向思考，但如果只是顺着这一思路，就有可能找不到流行的感觉，而不能进入最好的创作状态，这时如果进行逆反推理，就有可能得到意外的收获。如，服装造型中的逆向创意，根据我们所熟悉的服装原型，像"O"、"A"、"T"、"H"、"X"这几种型，设计者对其进行夸张，或给予否定，再进行重塑，给人以一种新颖的感觉；而对于服装局部造型方面，设计者一般针对具有艺术特点的部位，像"领子"、"袖子"、"口袋"、"肩部"等，都是最能发挥设计者创作的地方，在设计中可用到逆向思维的方法：领口对称与不对称，袖子的长与短、宽大与瘦窄，口袋的大与小、平面与立体、对称与不对称，肩部的单肩式、双肩不对称式等方面进行大胆创作（图5-26、图5-27）。另外，还可以在题材上、风格上颠覆常规，或男女装相互混搭、内衣外穿、上装与下装的对比等。

图5-26 逆向思维设计

图5-27 逆向思维设计

3 夸张法

夸张法是一种非常有趣的设计方法。在设计中，主要表现为服装造型、色彩、面料材质等的夸张。服装造型的夸张分整体和局部夸张；服装面料的夸张在于利用各种手段（包括撕、剪、贴、拼、补、折、绣、抽、烧、勾等）

来改变面料的材质，形成一种面料再创，从而直接影响服装的效果；服装色彩的夸张表现为在服装设计中采用多种配色或色彩混搭（图5–28、图5–29）。

图5-28 局部夸张设计

图5-29 局部夸张设计

图5-30 加减法设计

图5-31 加法设计

4 加减法

加减法主要用于服装内部构造的调整上，运用加减法时，要根据设计目的和流行风尚的变化而变化。服装的造型要素之间相互增加或减少，都会带来不同的美感（图5–30、图5–31）。

5 并置法

并置法是指将某一基本造型并列放置，产生新的造型。设计者在运用这种设计方法时，其造型元素并不重叠，且基本造型依然保持原有造型。

6 分离法

这是现代服装设计常用的方法。分离法是将某一造型进行分割，组成新的造型。而设计中的分离，打破了原有的形态，使服装更具层次感、空间感，更为时尚化（图5-32、图5-33）。

图5-32 分离法设计

图5-33 约翰·加里亚诺作品

7 镂空法

镂空法是对服装的某一基本造型进行镂空处理。从设计上来看，其实也就是对面料的改造。如在面料上进行挖洞、抽纱、打孔、剪出各种造型等。这种方法不仅可打破服装的沉闷感，而且在视觉上也有一定的冲击力（图5-34至图5-37）。

图5-34 镂空法设计

图5-35 镂空法设计

图5-36 镂空法设计

图5-37 局部镂空法设计

品牌名称

KENZO（高田贤三）

品牌综述

一提到KENZO就让人无法不联想到大自然。其风格鲜艳浪漫却不花哨，这都归功于品牌创始人高田贤三的创意！短发、褪色衬衫、牛仔裤及大大的圆眼镜是高田贤三的注册商标，因为心中迷恋纯洁少女的清新形象，因此在许多作品中都呈现出对于青春本色浪漫的追求。不论是男女装系列，还是童装系列，都充满了欢乐、年轻的气息，高田贤三擅长将不同的花朵图案重叠搭配在一起，看似简单，却有着极高的技巧性。

东方风情也是KENZO所追求的。民族风格的应用，如印度服的窄裤脚、中国棉袄等，都是KENZO服饰令人印象深刻的重要因素。就像是色彩魔术师的高田贤三，除了服饰、皮包、饰品、手表、眼镜各种配件外，家居饰品、香水也是他挥洒创意的领域，连高尔夫球用具都不例外。

KENZO以愉悦丰富的想象力与创造力，敏锐地开创了世界性的品牌，不论是从东方的角度还是以西方的观点，或者鸟瞰地球村的世界观，都可以感受到高田对于世界融合的热情与渴望。或许年轻、活力、浪漫不仅仅是一种生理、心灵的状态，也是一种对于生命的祈盼，KENZO就是最好的证明。

第四节 各类服装设计大赛的分析及作品赏析

从主办方的目的、意图来看，服装设计大赛分为：创意大赛、区域经济或行业行为性大赛和商业性或企业行为性大赛三种。

一 服装设计大赛的种类

1 从主办方的目的、意图来分

创意性大赛——“汉帛奖”、“益鑫泰”（现名“迪尚”）中国时装设计奖。

区域经济或行业行为性大赛——“大连杯”、“中华杯”、“虎门杯”、“万事利杯”女装设计大赛（杭州）、海宁中国经编设计大赛、全国服装设计师生作品大赛等。

商业性或企业行为性大赛——“真维斯杯”休闲装大赛、“浩沙杯”泳装设计大赛、“名瑞杯”婚纱礼服设计大赛、“欧迪芬杯”内衣设计大赛、“乔丹杯”运动装备设计大赛、“威丝曼”中国针织时装设计大赛等。

2 从服装类别来分

从服装类别来看，有以女装、男装、童装、职业装、裘皮服装、休闲装、衬衫、牛仔服、泳装、内衣、毛针织、领带、T恤和面料等为主题的各类服装设计大赛。还有“时尚中华”时装画设计大赛，CAD制版大赛等。

二 服装设计大赛的定位

（1）为青年设计师提供施展才华的机会，为用人单位搭建选择人才的平台。

（2）为企业征集设计方案或流行元素。

（3）树立服装品牌形象，增加品牌影响力和广告效应。

（4）提高人们的艺术欣赏水平、丰富服饰文化生活。

（5）引领时尚，推动我国服装产业进步。

三 服装设计与服装设计大赛

服装设计的三个层次为：

（1）概念设计——作品的创意性。

（2）时装设计——作品的时代性。

（3）成衣设计——作品的市场性。

服装设计大赛以第一层次为主体，视赛事属性表现第二或第三层次的倾向。三个层次相互渗透和影响，构成服装艺术性与商品性的双重属性。

四 各类服装设计大赛的特点

服装设计大赛为设计师提供了一个广泛交流、切磋技艺的有利平台，也为促进行业繁荣作出了显著的贡献。不同类别的服装设计大赛都有各自的特点

1 艺术创意类服装设计比赛

艺术创意类设计比赛的宗旨以设计创新为主。设计创新包括设计思维创新、设计取材及搭配方式创新、制作表现方式创新等。例如“汉帛奖”中国国际青年设计师时装作品大赛（原名：“兄弟杯”中国国际青年设计师时装作品大赛）。

2 市场实用类设计比赛

市场实用类设计比赛的宗旨是以适应特定服装市场需求为主，在一定的限制范围内进行设计创新，这种限定范围主要包括服装类别（如职业装）、服装目标市场、服装流行因素等。此类大赛要求参赛作品在务实的前提下展开设计，作品要有明确的目标性和现实的市场推广价值。对设计师的市场了解和把握程度有较高的要求。例如：“万事利杯”中国国际女装设计师大奖赛（现名：COCOON杯中国国际女装设计师大奖赛）；“虎门杯”国际青年（女装）设计大赛。

3 专业类设计比赛

专业类服装设计比赛是指针对具体服装类别举办的设计比赛，如休闲装设计比赛、裘皮服装设计比赛、针织服装设计比赛、婚纱礼服设计比赛、内衣设计比赛等。专业类比赛往往有明确的风格或主要材质限定，且大多数要求设计可实施性的服装作品。专业类设计比赛要求设计师有较强的专业知识和素质，尤其在材料和工艺技术方面要有深入的研究。例如：“NAFA杯”中国国际青年裘皮服装设计大赛；“威丝曼”中国针织时装设计大赛；“名瑞杯”婚纱礼服设计大赛；“欧迪芬杯”内衣设计大赛；“真维斯杯”休闲装大赛。

4 国际性设计比赛

国际性设计比赛在全球范围内征集作品，主要目的在于广泛交流、博采众长。此类大赛一般偏重于设计的艺术性和创新性，而文化特异性、个性和时尚性也是评判的重要参考因素。设计师应该把设计置于一个广泛的范围内进行构思，作品才会具有较为深远的意义。例如：“汉帛奖”中国国际青年设计师时装作品大赛；“中华杯”国际服装设计大赛。

五 各类设计大赛参赛作品赏析

1 2008年“汉帛奖”中国国际青年设计师时装作品大赛参赛效果图

2008年“汉帛奖”中国国际青年设计师时装作品大赛主题是——国庆招待会。

由中国服装设计师协会主办的中国国际青年设计师时装作品大赛自1993年创办以来，共有四十多个国家的近三万名青年设计师参加。此赛事如今已成为参赛国家最多、最具国际影响力的专业赛事。它不仅推动了中国服装业的对外合作和文化交流，而且为中国服装业的转型升级造就了一大批优秀的时装设计师。

作品一（图5–38）：注重画面效果，对服装细节的取材及搭配方式有所创新，画面效果较好。裤子细节处使用面料再造，突出了服装的立体造型。

作品二（图5–39）：创意新颖，主题表达明确。但在服装细节的设计上过于注重乐器的造型，缺乏形式美感。

图5-38 “汉帛奖”设计作品 学生作品

图5-39 “汉帛奖”设计作品 埙篪之音 学生作品

2 “欧迪芬杯”中华内衣设计大赛参赛效果图

2008年“欧迪芬杯”中华内衣设计大赛主题是——汉世盛典，要求以汉代内衣元素为题材。

该比赛是由中国服装设计师协会携手欧迪芬国际集团共同打造的中国内衣行业最高级别的设计比赛。经历了“清风雅韵”、“大唐凤仪”、“汉世盛典”的成功尝试后，2009年，“欧迪芬杯”中华内衣元素创新设计大赛将主题定为游“元”惊梦。大赛的这种文化特性，给参加设计大赛的选手带来了更富足的灵感源泉。

作品一（图5-40）：以汉代内衣元素为题材，参考汉代的瓦当图案并运用在内衣设计中。

作品二（图5-41至图5-43）：此系列以汉代“乘云绣”的图案为元素，并在汉代深衣的基础上进行创新而设计的，该作品获得了2008年“欧迪芬杯”中华内衣设计大赛优秀奖（设计者：张黎萌 江西服装职业技术学院）。

图5-40 “欧迪芬杯”设计作品——汉世盛典 学生作品

图5-41 “欧迪芬杯”设计作品——乘云·祥和

图5-42 “欧迪芬杯”设计作品——乘云·祥和

图5-43 “欧迪芬杯”设计作品——乘云·祥和

2009年“欧迪芬杯”中华内衣设计大赛主题是——游“元”惊梦，要求以元代内衣元素为素材。

图5-44所示作品汲取元代疆域版图与元代合欢襟内衣为元素，通过特殊的版图图案表达了作者对元代的憧憬。

3 “名瑞杯”婚纱礼服设计大赛参赛效果图

2007年“名瑞杯”婚纱礼服设计大赛主题——绽放。由中国服装设计师协会、广东名瑞(集团)股份有限公司联合主办，旨在了解国际市场的新变化和新潮流。大赛以专业性，权威性为基础，注重婚纱设计的原创精神，提倡婚纱设计的艺术性和实用性的有机融合，为推动中国婚纱设计水平，挖掘婚纱设计新秀。

作品一（图5-45）：采用古罗马时期的服饰特点结合现代礼服设计的具有复古风格的礼服。

图5-44 “欧迪芬杯”设计作品——游“元”惊梦 学生作品

图5-45 “名瑞杯”设计作品——罗马假日 学生作品

作品二（图5—46）：结合中国古代服饰特点，设计出具有民族风格的礼服。

4 2009 NAFA杯第六届中国国际青年裘皮服装设计大赛参赛效果图

2009年NAFA杯第六届中国国际青年裘皮服装设计大赛主题——《壹零后》Dawn of New Decade。

该比赛为国际裘皮协会（IFTF）设计大赛在中国的预选赛，赛事组委会旨在为中国裘皮行业输送更多、更优秀的青年才俊。2009年的大赛改变了评比形式，在评审中增加了选手与评委的交流环节。在决赛前，每位入围决赛的选手都要将作品由模特真人实穿面向评委独立展示，并与评委进行面对面的交流，直接阐述自己作品的灵感来源和设计构思，接受评委的提问。

大赛是发掘中国裘皮服装设计人才，提升中国裘皮服饰的设计水平的有益尝试。

大赛主题：《壹零后》Dawn of New Decade

壹零后 is What?

壹零后 is Where?

壹零后 is Who?

壹零后 is here!

壹零后 is me!

释：2010是一个新十年的开始，2010是新一代的诞生，2010是新生设计师的节日，2010是每个人的十年，2010年1月12日是我们的。

图5-46 “名瑞杯”设计作品——古韵 学生作品

作品一（图5-47）：此系列服装采用裘皮与针织面料混搭，设计亮点在于皮革的镂空图案设计。

作品二（图5-48）：采用特殊工艺切割皮革进行编织处理，装饰服装，红黑色彩搭配，在废墟中走来的未来战士。

图5-47 “NAFA杯”设计作品——碰撞 学生作品

图5-48 “NAFA杯”设计作品— Coming’s World 学生作品

5 新塘服饰大赛参赛效果图

图5—49至图5—55所示为新塘服饰大赛参赛效果图。

主题：《搜寻》 Search

设计思想：所有的话都被古人说尽，我们寻找新的文字排列方式；
所有的画布都被渲染上带编号的颜色，我们开始调配只属于自己的色彩；
所有的歌曲都因相似而串唱，我们开始寻找发自内心不一样的旋律；
这一刻，我们开始思索与搜寻一种新的生活概念······

design philosophy：
All the beautiful sentences have been spoken, so we try to find new ways of choice of words.
All the canvas are painted colors numbered, so we try to mix unique colors.
All the songs are popular cause they are similar, so we try to find different melodies from our hearts
At this moment, we start to devise and find a brant new life concept...

款式图

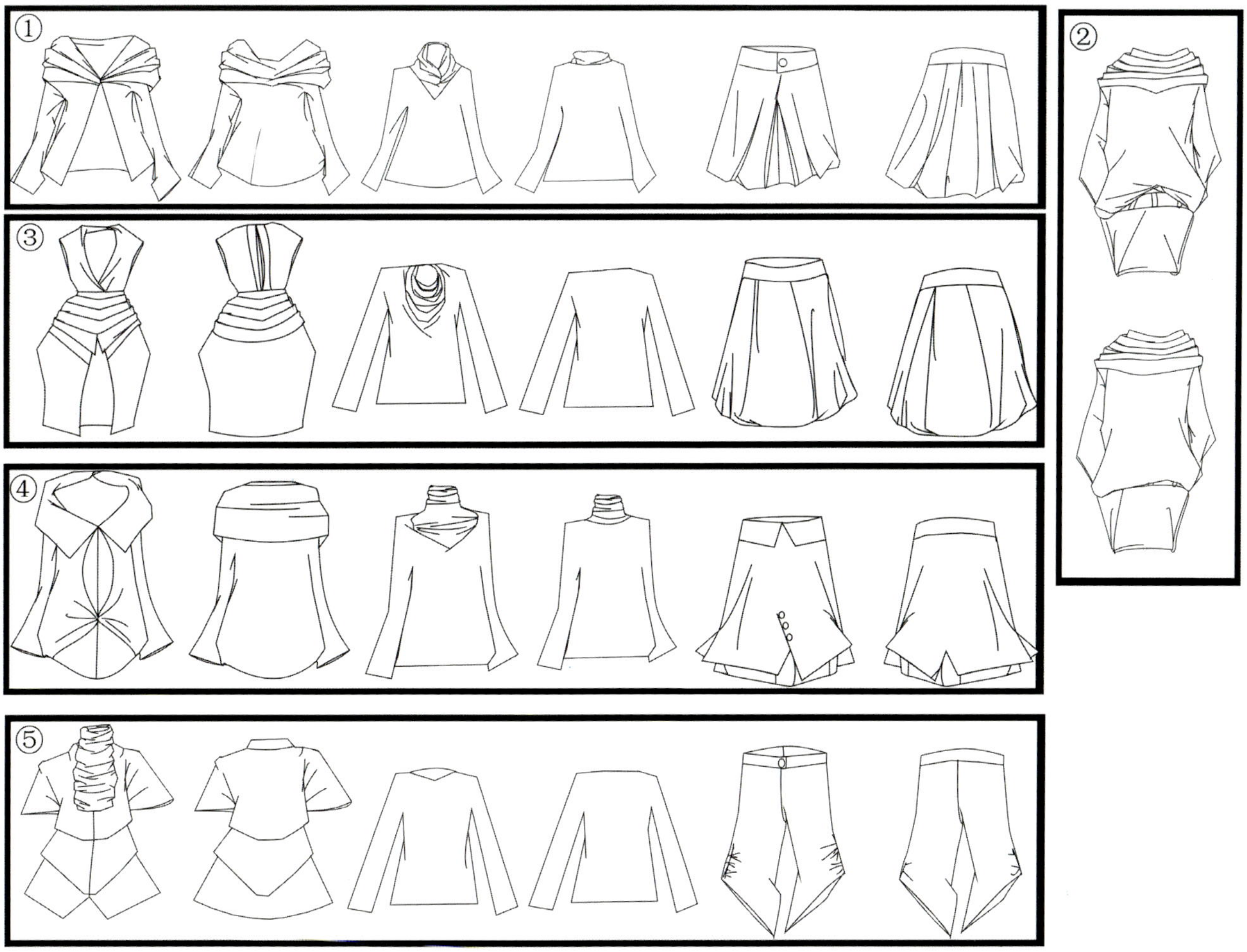

图5-49《搜寻》 林金伟

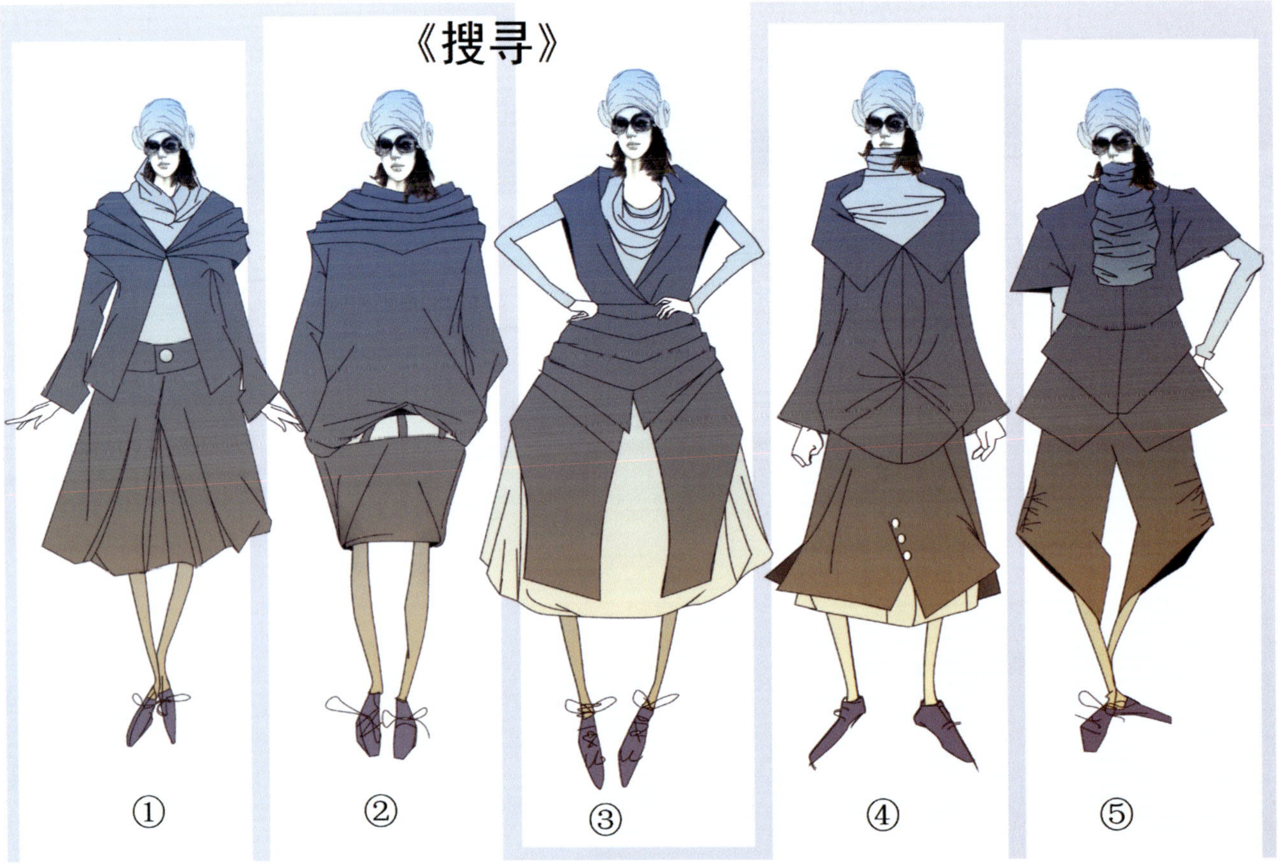

图5-50《搜寻》 林金伟

图5-51 《金绮》 董谚

图5-52《牛仔风尚》 庞楚

图5-53《牛仔风尚》 庞楚

图5-54《牛仔风尚》 庞楚

图5-55《牛仔风尚》 庞楚

奖项名称 益鑫泰（现名“迪尚”）服装设计奖

其他名称 益鑫泰（现名“迪尚”）中国（国际）服装设计最高奖

创办时间

1997年12月

主办单位

中国服装设计师协会

奖项介绍

“益鑫泰中国（国际）服装设计最高奖”创立于1997年12月，被誉为“中国服装界的诺贝尔奖”，由湖南益鑫泰麻业服装实业有限公司资助500万元设立“益鑫泰中国（国际）服装设计最高奖”奖励基金，是中国服装设计师协会授予全国（国际）性各类服装设计比赛获奖设计师的最高荣誉，也是我国目前唯一由纺织总会批准的服装设计国家级奖项。2000年，“益鑫泰中国（国际）服装设计最高奖”更名为“益鑫泰服装设计奖”。

“益鑫泰服装设计奖”的设立旨在表彰我国设计师在国际、国内各类服装设计大赛中取得的优异成绩，激励他们积极参与国际、国内竞争，进一步拓展国产成衣市场；同时促进我国服装设计整体水平的提高，发展民族服装工业，推动服装“名师工程”的实施和“名牌战略”的进程。

迄今为止，“益鑫泰服装设计奖”已成功举办了六届，涌现出一大批青年设计名家。“益鑫泰服装设计奖”的设立为中国服装的发展增添了活力，迈出了中国设计师走向世界的重要一步。

“益鑫泰中国服装设计最高奖”的评审格外严格，它根据《全国(国际)性服装设计比赛规则》的有关规定，凡举办过三届以上的全国或国际性服装设计比赛组委会，每年再向中国服装设计师评审委员会申报并获得参评资格认定后，该大赛获前三项奖的设计师方可有资格报名参评。因此，此赛事亦被称为“益鑫泰服装设计最高奖”。获奖者由中国服装设计师协会资助出国深造考察学习。

思考与练习

1．在大自然素材或传统文化素材中选择一种做创意设计（要求：8K纸张，男女装不限，用线描形式表现）。

2．根据姊妹艺术的启示以夸张的手法进行时装创意设计（要求：8K画册形式）。

3．选择服装设计大赛的一个主题，运用三种以上设计方法进行创意设计。

第6章

服装流行趋势

【知识目标】通过对服装流行趋势的分析讲解，了解服装流行趋势在服装设计中的重要性，并学会将服装流行趋势运用在服装设计中。

【能力目标】通过本章的学习，掌握服装流行的基本特征以及流行的基本规律，能收集和整理服装流行信息，并能在各类服装设计中灵活运用。

有人说流行似雾里看花、水中望月，亦幻亦真；也有人说流行似行云流水，变化不定、难以捉摸。流行犹如魔术师神奇的手，搅得服饰世界五彩缤纷、色彩斑斓。德国哲学家、古典美学家康德曾说过："在自己的举止行为中，同比自己重要的人进行比较，这种模仿方法是人类的天性，仅仅是为了不被别人轻视，而没有任何利益上的考虑，这种模仿的规律就叫流行。"

第一节 服装流行的含义

一 流行的概念

我们正处在一个被时尚驱动的时代，"流行"和"时尚"这两个字眼越来越多地出现在人们生活的各个领域中。对于大多数消费者来说，"流行"不仅仅是时装领域中接触到的一个名词，还常常跟音乐、运动、休闲等联系在一起。相较于其他行业而言，服装行业可以说是最早接触流行的，也是流行历史上表现得最为突出的领域之一。人们一谈到流行和时尚，常常第一反应就是服装。流行越来越被人们所关注，对流行的探讨也成为一种话题。从广义上说，流行是指一定时期内社会或某一群体中广泛流传的生活方式，是一个时代的表达。即在一定的历史时期内，一定数量范围的人，受某种意识的驱使，以模仿为媒介而普遍采用某种生活方式或观念意识时所形成的社会现象。流行是通过社会成员对某一事物的崇尚和追求，使身心等方面得到满足，具有普及性和约束力。流行虽不是道德规范，但是在某些被流行所波及的社会成员中，人们所感受到的压力足以导致产生一致性的行为与心态。流行涉及的范围非常广泛，在音乐、休闲、建筑、舞蹈、体育甚至人类的思想和意识形态领域（如文学）都有充分的表现。

二 服装流行的概念

服装流行指的是服装的文化倾向，通过具体服装款式的普及、风行一时而形成潮流。这种流行趋向一旦确定，就会在一定的范围内被较多的人所接受。服装流行的式样具体表现在它的款式、材料、色彩、图案纹样、装饰、工艺以及穿着方式等方面，并且由此形成各种不同的着装风格。一般服装流行的要素主要有以下几方面：服装款式的流行倾向主要是指服装的外形轮廓和主要部位的外观设计特征等；服装面料的流行倾向是指面料所采用的原料成分、织造方法、织造结构和外观效果；服装色彩的流行倾向是指在报纸杂志上公布的权威预测，并在一定的时间和空间范围内，受人们欢迎的色彩；服装纹样流行倾向是指服装图案的风格、形式、表现技法，如人物、动物、花卉、风景、抽象图案、几何图案等；服装的工艺装饰流行倾向，是指在不同时期采用的一些新的缉明线的方法，还有服装开衩以及印花等都会随着流行而变化（图6-1、图6-2）。

图6-1 流行的变化

服装流行趋势是在一定的空间和时间内为大多数人所认可并形成一种穿着潮流的社会现象。它反映了相当数量的人的意愿和行为需求，体现了时代精神、生活方式、情趣爱好和价值观念。服装流行趋势预测是一种融文化、社会心理、经济、科学、审美于一体的综合性行为。与服饰有关的流行预测主要有三类：一是色彩；二是面料；三是款式。现代服装的更新周期越来越短，流行化成为服装消费的一个重要特征。世界各发达国家都非常重视对服装流行及其预测预报的研究，定期发布服装流行趋势，以指导生产和消费已成为服装产业发达国家地区的共举（图6-3至图6-7）。

服装的流行是有据可依的，它具有多元性、渐变性和周期性的特点。服装流行的多元性包括款式、色彩、面料、纹样、工艺等方面，是时尚、审美标准与科技水平的统一。但流行不是突发的，而是循着"先导物的诞生，在一定范围人的适应及个别接受——部分接受形成流行——逐渐消退—— 一定时间延续至最后消失"的规律，其中的关键是人们对先导物的适应与接受。

图6-2 流行的变化

图6-3 款式流行趋势图

图6-4 款式流行趋势图

图6-6 色彩流行趋势图

图6-5 色彩流行趋势图

图6-7 面料流行趋势图

品牌名称

（芬迪）Fendi

品牌档案

(1)创始人：Adele Casagrande（爱德拉·卡萨格兰德）和Fendi（芬迪）

(2)注册地：罗马（1925年）

(3)设计师：1962年起，Karl Largerfeld（卡尔·拉格菲尔德）

(4)品牌线：Fendi（芬迪）

(5)品类：皮草与时装、皮革与皮件、成衣、针织休闲服装、沙滩装、泳装、珠宝、手表、香水

品牌识别

① “双F”标志：出自Karl Largerfeld笔下。常不经意地出现在Fendi服装、配件的扣子等细节上，后来甚至成为布料上的图案。

② 厚实的粗条或者窄细的直条，加上富韵律感的棋格，这些图案在Fendi产品中经常出现。

品牌人物Karl Lagerfeld（卡尔·拉格菲尔德）是举世公认最具领导潮流能力的设计师之一，他具有源源不断的新创意，每一季都推出精彩绝伦的新作。你永远无法猜到他下季将推出什么风格，因此你也无法用任何一种风格对之进行概括。

第二节 服装流行的规律

一种款式服装的发展，一般是宽胖之极必向窄瘦变动，长大之极必向短小变动，明亮之极必向灰暗变动，鲜艳之极必向素丽变动。所以，“极点反弹”成为服装流行发展的一个基本规律。大必小、长必短、开必合、方必圆、尖必钝、俏必愚、丽必丑——极左必极右。例如，19世纪下半叶的撑裙，直径达到2.4米，在房中移动十分不便。到了20世纪60年代超短裙取而代之。这正是从“极大”到“极小”的反弹效应。

一 服装流行的特点

1 新奇性

新奇是流行最为显著的特点。流行的产生基于消费者寻求变化的心理和追求“新”的表达。人们希望对传统有所突破，期待对新生的肯定。这一点在服装上主要表现为款式、面料、色彩的变化。因此，服装企业要把握住人们的“善变”心理，以迎合消费者“求异”的需要。

2 短时性

“时装”一定不会长期流行；长期流行的一定不是“时装”。一种服装款式如果为众人接受，便否定了服装原有的“新奇性”特点，这样，人们便会开始新的“猎奇”。假如流行的款式被大多数人放弃的话，那么该款式的时装便进入了衰退期。

3 普及性

一种服装款式只有为大多数目标顾客接受了，才能形成真正的流行。追随、模仿是流行的两个行为特点。只有少数人采用，不会成为流行趋势。

4 周期性

一般来说，一种服装款式从流行到消失，过去若干年后还会以新的面目出现。这样，服装流行就具有周期性。日本学者内山生等人发现，裙子的长短变化周期约为24年。

推陈出新是时装的规律。任何流行服装最终都会过时。服装失去原有的魅力，便失去存在的意义。

二 服装流行规律探索

随着生活水平的不断提高，人们对服装的要求也越来越高。今年流行什么服装，明年流行什么服装，是人们经常关心的问题。要想成为驾驭服装流行的弄潮儿，必须通晓昨天，分析今天，才能准确推测明天、了解明天服装的流行趋势。服装流行受所处时代各种因素的影响。如：政治、经济、文化、宗教、思想、科技、战争等。

1 政治变革对服装的影响

国王和王后通过奢侈的服装、帽子及其配件和珠宝，来表现自己特殊的政治地位。几个世纪过去了，服装与政治建立了不可分割的关系，服装对政治产生了一种特殊的

影响力。从历史上看，各个国家、各个时代大的政治变革，都会给服装带来一定的变化（图6-8），如北魏孝文帝在洛阳定都，颁布胡汉通婚和禁止穿胡服、说胡话等一系列规定，又如辛亥革命使清王朝的长袍马褂变为短装等。

图6-8 1889年印着星条旗的棉布裙，Catherine Malandrino的印着国旗图案的雪纺衬衫裙

2 经济发展对服装的影响

世界各国被分为经济发达国家、发展中国家和落后国家，它们在服装文化方面与各自的经济状况相适应，表现出进步与停滞、落后的差异。经济发展也带来了服装的巨大变化（图6-9、图6-10）。

图6-9 20世纪80年代的女性着装

图6-10 21世纪的女性着装

3 文化与宗教对服装的影响

宗教对服装的影响也很引人注目，如基督教规定只有处女在新婚时才能穿白色礼服，以象征纯洁，而再婚者应穿带颜色的礼服等。还有在很多中东的穆斯林国家，伊斯兰妇女从头到脚都包得严严实实，女的也大多穿黑色，满大街都是黑大衣、黑长袍、黑裙子，淑女们还都爱扎白纱巾等（图6-11）。

图6-11 宗教影响下的着装

品牌名称

Gucci（古琦）

品牌档案

(1)类型：高级成衣

(2)创始人：古奇欧·古琦（Guccio Gucci）

(3)注册地：意大利佛罗伦萨(1923年)

(4)设计师：1923-1989年,古奇欧·古琦;1989-1992年,Richard Lambertson(理查德·兰伯森),时装设计兼创意指导;1990-1991年,Dawn Mello(唐·梅洛),美国籍设计师;1994年,Tom Ford(汤姆·福特)

(5)品牌线：Gucci（古琦）

(6)品类：服装、皮包皮鞋、手表、家饰品、宠物用品、丝巾与领带，1975年，成立古琦香水部，推出香水产品

(7)目标消费群：上层社会女性和影星

品牌传奇

尽管时装品牌令人眼花缭乱，Gucci的风格却一直被商界人士垂青，时尚之余不失高雅，这个意大利牌子的服饰一直以简单设计为主。在Gucci的时尚王国中，最吸引人的要算Tom Ford接手Gucci的故事。Tom Ford是最受全球媒体宠爱、年轻又才华横溢的设计师，Gucci更有包括麦当娜、玛丽亚·凯莉、格温妮斯·帕特洛、伊丽莎白·赫莉、布拉德·皮特、汤姆·汉克斯夫妇等众多明星的助阵。

第三节 流行信息的收集与预测

服装之所以能在不同的地域有其特定的流行方式，是服装流行的传播在起作用。如果没有流行，不可能呈现多种多样的着装风格。作为服装设计师，除了应具有的设计创作能力外，还必须能够准确把握服装的流行动态，因为不管设计师多么优秀，如果设计的服装不符合流行趋势则必然徒劳无功。因此对服装流行信息的收集也是从事设计的人员必不可少的工作，而流行信息主要来自于生活中的以下几个方面。

一 传播媒体

传播媒体对流行信息的传播主要是一些专业机构通过传播媒介，向为数众多而又分布广泛的公众传播服装流行信息，使服装的流行传递给有关企业、个人，并快速渗入到大众生活中去。这种传播方式可以让更多的、各种层次的人关心和了解服装流行趋势的发展变化。传播媒介主要有电视传播、专业出版物及网络媒体的传播形式。一是电视传播：不管在国家电视台还是在地方电视台，都有和服装、流行、时尚有关的专栏节目，它们主要的内容就是介绍时尚，引导流行。比如转播服装赛事，邀请社会名人或服装界专业人士参与节目，进行指导。目前国内对服装流行关注最多、传播咨询最及时的电视栏目有央视的《东方时尚》、旅游卫视的《时尚》、云南卫视的《时尚中国》。二是网络，这种媒介形式使尽可能多的人花较少的时间、资金就可以感受到流行，享受到流行资讯，这也是现代人获取信息的重要手段。三是专业出版物，它是流行传播中覆盖面最广，最有效的手段之一。自从它诞生以来，流行业的每个层次都在不断努力，创办出了各种在同行业间或对消费者发生影响的出版物。这些出版物包括期刊、报纸、书籍、幻灯片、影片等。

二 时装发布会

时装发布会是世界五大时装中心按照春夏与秋冬两季最新流行趋势，由权威机构组织发表的作品发布会，汇集来自世界各地的著名设计师的新作，并通过成衣商、服装评论家、新闻记者等迅速向世界各地报道和传播以形成新的服装流行趋势，同时又通过每年两次的成衣博览会，进一步推广和扩大服装的这种流行趋势（图6-12至图6-15）。

三 商业性销售表演

商业性销售表演，原意是流行服装的展示或发布。它是以推销服装产品为目的举行的商业性的服装表演，主要是将服装的造型特征、穿着对象及服用功能等，明确、清晰地展示给消费者，以此来激发消费者的兴趣，促进服装的流行与生产。

图6-12 女装发布会

图6-13 女装发布会

图6-14 女装发布会

图6-15 女装发布会

四 名人（影视明星）效应

社会名流由于其显赫的社会地位使人们对他们的着装打扮分外注意，他们在公共场合的打扮很容易起到广告的宣传作用（图6–16至图6–18）。

图6-16 名人效应

图6-17 名人效应

图6-18 名人效应

五 电视、电影艺术

电视、电影是一种娱乐载体，同时也是传播服装流行的有效工具，它以动态的方式演绎着各种风格的流行服饰，以强大的视觉冲击力和感染力影响着人们的感受能力，并间接地影响着人们对商品的选择，尤其当电影或电视中的艺术形象令人觉得愉快、震撼时更是如此（图6–19、图6–20）。

图6-19 电影海报

图6-20 电影剧照

六 街头服饰

时尚中重要的一支流行风即街头服饰，各国街头的穿衣戴帽都很有特色，如果一时之间不知道要去哪里找穿衣打扮的灵感，不妨去看看这一周里欧美街头以及国内街头的人们都穿什么逛街，从中寻找他们的穿衣之道（图6–21至图6–23）。

图6-21 北欧街头服饰

图6-22 北欧街头服饰

图6-23 北欧街头服饰

品牌名称

Hermes（爱马仕）

品牌介绍

让所有的产品至精至美、无可挑剔，是爱马仕的一贯宗旨。目前爱马仕拥有14个系列产品，包括皮具、箱包、丝巾、男女服装系列、香水、手表等，大多数产品都是手工精心制作的，其产品被认为是思想深邃、品位高雅、内涵丰富、工艺精湛的艺术品。爱马仕在世界20多个国家和地区拥有200多家专卖店。早在20世纪来临之时，爱马仕就已成为法国式奢华消费品的典型代表。20世纪20年代，创立者蒂埃利·爱马仕之孙埃米尔曾这样评价爱马仕品牌：“皮革制品造就运动和优雅之极的传统。”

随着汽车等交通工具的出现和发展，爱马仕开始转产，将其精湛的制作工艺运用于其他产品的生产之中，如钱夹、旅行包、手提包、手表带以及一些体育运动如高尔夫球、马球、打猎等所需的辅助用具，也设计制作高档的运动服装。爱马仕品牌所有的产品都选用最上等的高级材料，注重工艺装饰，细节精巧，以其优良的质量赢得了良好的信誉。

第四节 流行趋势提案的制作及运用

流行趋势提案是对相关资料的整合，是把收集的、零零散散的资料进行汇总、分类，然后提炼出关键的内容。这些关键的内容指哪些呢？主要是指影响未来这一季节的生活方式、社会思潮，不仅仅局限在服装方面。因为大家最终看到的是社会经济文化方面带来的结果，所以我们在研究的时候是研究社会经济、文化艺术等大家比较关注的现象。这些现象通过一段时间的过滤沉淀以后会体现在服装上。经过对这些信息的归纳和研究，制作出一套流行的提案，预测未来的流行。提案分为：流行主题提案、流行色彩提案、流行面料提案、流行款式提案、流行配饰提案等。

一 流行主题提案

流行趋势主题预测分析，是根据流行现状进行分析，再拟好主题名称，并通过直观的图片和文字来阐述主题的中心思想。主题文字要简练，图片要符合主题的内涵，且能给人留下深刻的印象（图6–24至图6–26）。

图6-24 流行主题

图6-25 流行主题

图6-26 流行主题

二 流行色彩提案

流行色彩提案是主题趋势下的色彩倾向。根据本季节的流行信息，针对主题提取既符合本主题又符合流行趋势的一组色彩，而非单个色彩，并且用文字图片阐述色彩的特点（图6–27、图6–28）。

图6-27 2008-2009服装色彩流行趋势

图6-28 2008-2009服装色彩流行趋势

三 流行面料提案

流行面料提案是主题趋势下的面料特征，是根据本季节的流行信息，针对主题选择分析面料的流行趋势，并且用文字图片阐述面料的流行特点（图6–29、图6–30）。

图6-29 2008-2009秋冬中国纺织面料流行趋势

图6-30 2008-2009秋冬中国纺织面料流行趋势

四 流行款式提案

流行款式提案是流行主题下的成衣款式设计。根据最新流行信息，对服装流行款式特点进行归纳总结；一般主要是服装廓型的分析及主要部件特点的分析，同时还包括服装结构与工艺方面的主要流行特点，然后针对主题设计出符合流行趋势的款式，并且用文字图片阐述、说明（图6–31、图6–32）。

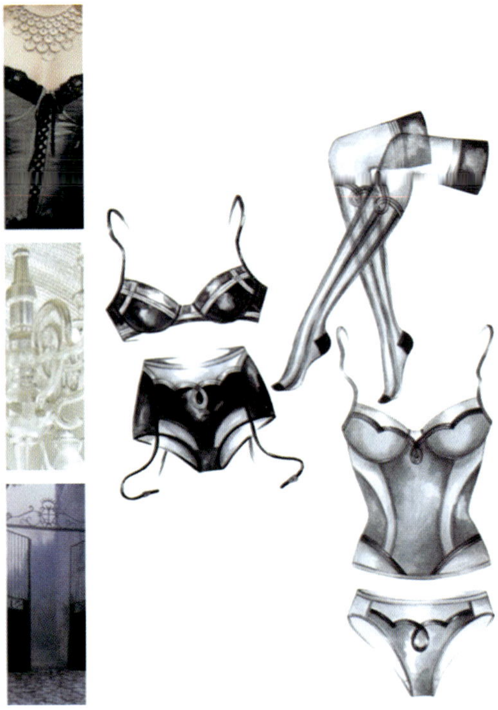

图6-31 2010春夏内衣流行款式

图6-32 2010春夏内衣流行款式

五 流行配饰提案

流行配饰提案是主题趋势下的饰品装饰动态。服装讲究的是整体效果，饰品装饰是必不可少的，流行配饰提案主要是根据本季节的流行主题，提出符合主题流行趋势的配饰及装饰手法，并且用文字图片阐述出来（图6–33、图6–34）。

图6-33 2010-2011秋冬配饰流行趋势

图6-34 2010-2011秋冬配饰流行趋势

以上介绍了流行趋势提案几种常见的表现形式，还有很多提案是将几方面综合在一起，下面几组提案就是综合表现提案，及根据提案做的服装设计效果图（图6–35至图6–43）。

图6-35 学生作品

图6-36 学生作品

图6-37 学生作品

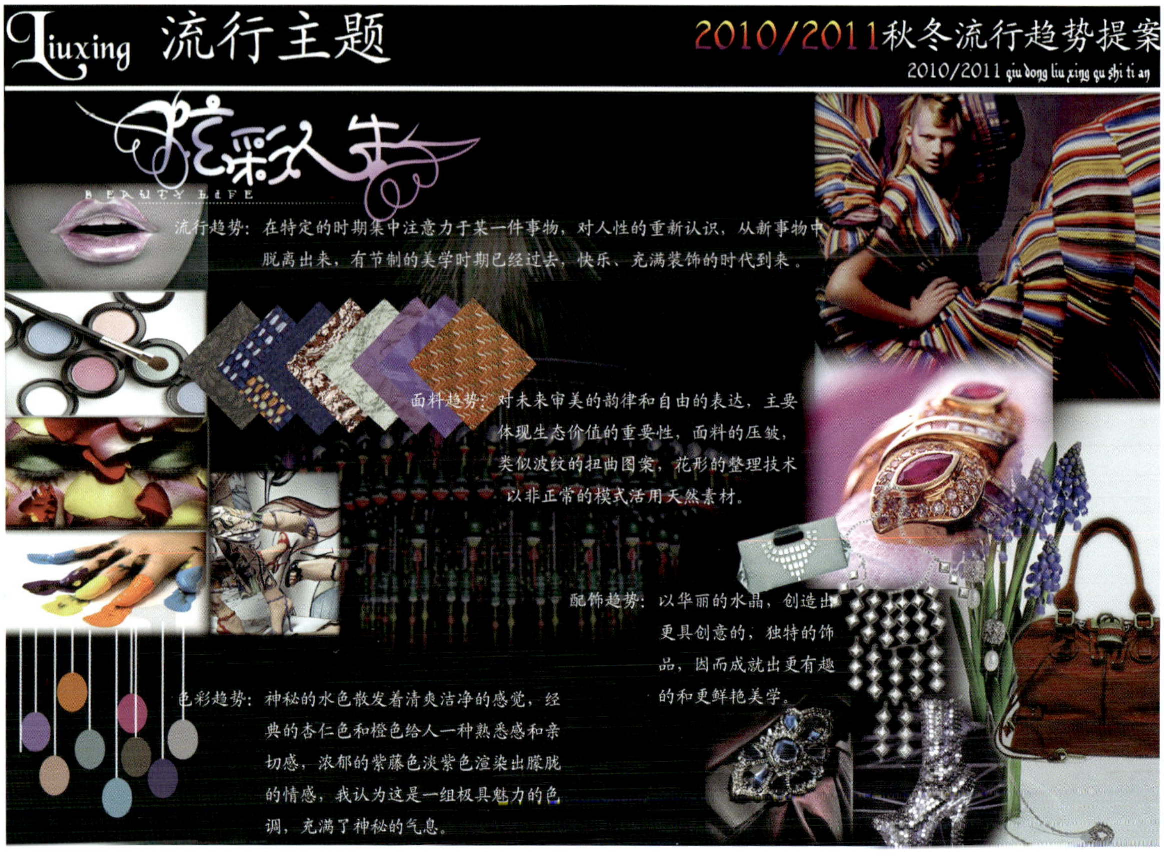

图6-38 学生作品

图6-39 学生作品

图6-40 学生作品

图6-41 学生作品

图6-42 学生作品

品牌名称

Cartier（卡地亚）

品牌介绍

1847年，Louis Francois Cartier接管其师Adolphe Picard位于巴黎Montorgueil街29号的珠宝工坊，卡地亚品牌便诞生于此。1899年卡地亚迁往现址——巴黎和平街13号。其后由卡地亚三兄弟Louis，Pierre和Jacques继承家业。他们走遍了世界各地，从印度到俄罗斯，从波斯湾到新大陆。1902年和1909年卡地亚分别在伦敦和纽约成立分公司，从此奠定了卡地亚的基础。

卡地亚很快就获得了欧洲王室的青睐。1902年即将登基为爱德华七世的威尔斯王子曾经赞誉卡地亚为“皇帝的珠宝商，珠宝商的皇帝”。1904年，卡地亚成为英国王室的皇家珠宝供应商。卡地亚三兄弟游历世界所体验的异国文化，深深地影响了卡地亚精品的风格。

早在怀表和腕表大量普及之前，卡地亚就表现出对钟表制作的高度兴趣。在1888年的卡地亚档案中提到了第一只女用腕表，对Louis Cartier而言这是未来的趋势。1904年，他为巴西的飞行员好友Santos Dumont制作了Santos腕表。这款表的成功促使卡地亚继续推出其他表款，形成了卡地亚20世纪的钟表制作传统：Tonneau腕表(1906)、Tortue腕表(1912)、Tank腕表(1919)、Baignoire腕表(1957)、Panthere腕表(1983)、Pasha de Cartier腕表(1985)、Tank Francaise腕表(1996)。Collection Privee Cartier Paris系列：1997年卡地亚决定将旗下的经典表款和最出色的手工腕表整合成一个系列，其中包括Roadster腕表(2002)、Declaration腕表(2003)、Santos 100腕表(2004)等。

思考与练习

1. 通过书籍、杂志或网络收集今年的流行信息。

2. 结合流行趋势，完成一份流行趋势提案，并进行系列设计（要求：27cm × 40cm彩色效果图、作品名称、平面款式图、设计构思、面料小样）。

参考文献

[1]（英）安德鲁·塔克，塔米辛·金斯伟尔．时装[M]．童未央，戴联斌，译．北京：生活·读书·新知三联书店，2002．

[2] 刘元凤．服装设计学[M]．北京：高等教育出版社，1997．

[3] 刘元凤，胡月．服装艺术设计[M]．北京：中国纺织出版社，2006．

[4] 张辛可．服装概论[M]．石家庄：河北美术出版社，2005．

[5] 李当岐．服装学概论[M]．北京：高等教育出版社，1998．

[6] 徐苏，徐雪漫．服装设计基础[M]．北京：高等教育出版社，2003．

[7] 熊晓燕，江平．服装专题设计[M]．北京：高等教育出版社，2003．

[8] 韩静．服装设计[M]．长春：吉林美术出版社，2004．

[9] 石吉勇．服装导论[M]．北京：化学工业出版社，2007．

[10] 尚笑梅，舒平，杜赟．服装设计：造型与元素[M]．北京：中国纺织出版社，2008．

[11] 刘晓刚．品牌服装设计[M]．2版．上海：东华大学出版社，2007．

[12] 林松涛．成衣设计[M]．2版．北京：中国纺织出版社，2008．

[13] 黄世明．成衣设计——基础篇[M]．石家庄：河北美术出版社，2008．

[14] 孙进辉，李军．女装成衣设计实务[M]．北京：中国纺织出版社，2008．

[15] 罗旻，张秋山．服装创意[M]．武汉：湖北美术出版社，2006．

[16] 胡小平．现代服装设计创意与表现[M]．西安：西安交通大学出版社，2002．

[17] 张晓黎．从设计到设计：服装设计实践教学篇[M]．成都：四川美术出版社，2006．

[18] 张星．服装流行学[M]．北京：中国纺织出版社，2006．